制作环保倡议书

制作邀请函

将"会员信息登记表"打印在一页

制作访客登记表

制作销售数据统计表

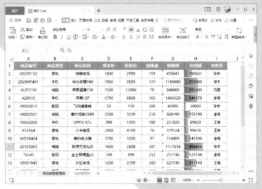

为"利润额"添加数据条

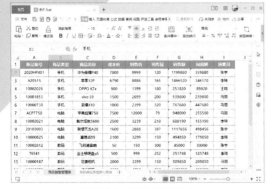

按照特定的类别进行排序

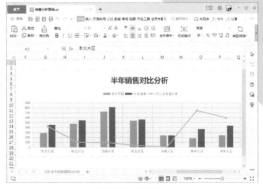

制作销售分析图表

设计"垃圾分类"封面标题

利用形状设计"垃圾分类"结尾标题

设置每张幻灯片的放映时间

制作"传统节气"手机海报

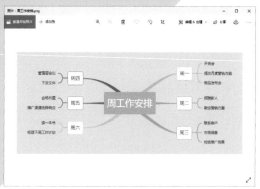

绘制"周工作安排"脑图

制作"云南印象"演示文稿

新应用 真实战 全案例 信息技术应用新形态立体化丛书

WPS Office 2019

高级应用
案例教程

主编 闫会峰 吕云山
副主编 裴浪 黄宪通 贾丽

人民邮电出版社

北 京

图书在版编目（CIP）数据

WPS Office 2019高级应用案例教程 ：视频指导版 /
闫会峰，吕云山主编. -- 北京 ：人民邮电出版社，
2022.10
（新应用·真实战·全案例 ：信息技术应用新形态
立体化丛书）
ISBN 978-7-115-59200-2

Ⅰ. ①W… Ⅱ. ①闫… ②吕… Ⅲ. ①办公自动化－应
用软件－高等学校－教材 Ⅳ. ①TP317.1

中国版本图书馆CIP数据核字(2022)第069144号

内 容 提 要

本书以实际应用为写作目的，围绕 WPS Office 2019 软件展开介绍，内容讲解遵循由浅入深、从理论到实践的原则。全书共 12 章，依次介绍了文档的常见操作、图文混排的方法、文档中表格的应用、长文档的编排、电子报表的创建、公式与函数的应用、数据的分析管理、图表的应用、演示文稿的设计、动画效果的添加、幻灯片的放映与输出，以及多样化功能的应用。本书在讲解理论知识的同时，介绍了大量的实操案例，以帮助读者更好地掌握所学知识并达到学以致用的目的。

本书适合作为普通高等学校 WPS Office 办公软件应用相关课程的教材，也可作为职场人员提高办公技能的参考书。

◆ 主　　编　闫会峰　吕云山
　　副主编　裴　浪　黄宪通　贾　丽
　　责任编辑　许金霞
　　责任印制　王　郁　陈　犇
◆ 人民邮电出版社出版发行　　北京市丰台区成寿寺路 11 号
　　邮编　100164　电子邮件　315@ptpress.com.cn
　　网址　https://www.ptpress.com.cn
　　北京九州迅驰传媒文化有限公司印刷
◆ 开本：787×1092　1/16　　　　　彩插：1
　　印张：13.25　　　　　　　　　　2022 年 10 月第 1 版
　　字数：415 千字　　　　　　　2024 年 12 月北京第 4 次印刷

定价：59.80 元

读者服务热线：**(010)81055256**　印装质量热线：**(010)81055316**
反盗版热线：**(010)81055315**
广告经营许可证：**京东市监广登字 20170147 号**

前言
PREFACE

WPS Office 是由金山软件股份有限公司自主研发的一款办公软件套装，主要包括文字、表格和演示三大组件。其中，使用文字组件，可以制作一些常见文档，例如规章制度、劳动合同、商业计划、求职简历等，还可以对文档内容进行编辑和排版。使用表格组件，可以制作各种类型的报表，例如财务报表、考勤表、销售表、信息表等，还可以对表格中的数据进行处理分析。使用演示组件，可以制作课件、宣传类演示文稿，例如教学课件、环保公益宣传演示文稿、产品发布演示文稿等。

此外，WPS Office 还为用户提供了多种便捷功能，如金山海报、流程图、脑图、PDF 等，便于设计图片，绘制流程图、思维导图，以及查看编辑 PDF 文件。

■ 本书特点

本书在结构安排及写作方式上具有以下几大特点。

（1）立足高校教学，实用性强

本书以高校教学需求为创作背景，结合全国计算机等级考试需求，以等级考试大纲为蓝本，对 WPS Office 软件操作方法进行了详细的讲解。以理论与实操相结合的方式，从易讲授、易学习的角度出发，帮助读者快速掌握 WPS Office 2019 三大组件的应用技能。

（2）结构合理紧凑，体例丰富

本书在每个章节中穿插了大量的实操案例，本书各章结尾处均安排了"实战演练"和"疑难解答"的内容，其目的是帮助读者巩固本章所学，提高操作技能。书中还穿插了"应用秘技"和"新手提示"两个小栏目，以拓展读者的思维，使读者"知其然，也知其所以然"。

（3）案例贴近职场，实操性强

书中的实操案例均取自于企业真实案例，且具有一定的代表性，旨在帮助读者学习相关理论知识后，能将该知识点运用到实际操作中，既满足院校对 WPS Office 2019 软件的教学需求，也符合企业对员工办公技能的要求。

■ 配套资源

本书配套以下资源。

（1）案例素材及教学课件

书中所有案例的素材及教学课件均可在人邮教育社区（www.ryjiaoyu.com）下载。

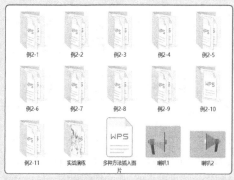

例2-1　例2-2　例2-3　例2-4　例2-5

例2-6　例2-7　例2-8　例2-9　例2-10

例2-11　实战演练　多种方法插入图片　喇叭\1　喇叭\2

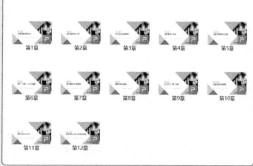

第1章　第2章　第3章　第4章　第5章

第6章　第7章　第8章　第9章　第10章

第11章　第12章

（2）视频演示

本书典型的案例操作配有高清视频讲解，读者只需扫描书中的二维码，便可以观看视频。

1-实战演练 制作环保倡议书　2-实战演练 制作邀请函　3-实战演练 制作个人简历　4-实战演练 批量生成邀请函　5-实战演练 制作访客登记表

6-实战演练 制作销售数据统计表　7-实战演练 分析生产订单报表　8-实战演练 制作销售分析图表　10-实战演练 为"云南印象"演示文稿添加动画　11-实战演练 放映并输出"云南印象"演示文稿

12-实战演练 制　实操1-1 在"化学　实操1-2 在"化学　实操1-3 快速选　实操1-5 为"化学

（3）相关资料

本书提供 300 个 GIF 操作技能演示、常用办公模板、模拟试题等资料。

300个GIF操作技能演示　常用办公模板　模拟试题

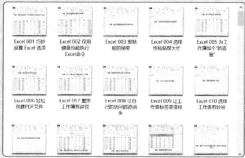

Excel 001 巧设置 Excel 选项　Excel 002 仅用键盘也能执行Excel命令　Excel 003 剪贴板的秘密　Excel 004 选择性粘贴帮大忙　Excel 005 为工作簿加个"防盗窗"

Excel 006 轻松创建PDF文件　Excel 007 重排工作簿讲究　Excel 008 让自己的访问踪迹消失　Excel 009 让工作表标签变漂亮　Excel 010 选择工作表有妙法

（4）作者在线答疑

作者团队具有丰富的实战经验，可以在线为读者答疑解惑。在学习过程中读者如有任何疑问，可加入 QQ 群（626446137）与作者交流联系。

编　者

2022 年 2 月

CONTENTS 目录

Ⅰ

第1章

快速创建简单文档

一些常用文档，如通知书、计划书、合同书等，都可以通过 WPS 文字来制作。在 WPS 文字中，用户不仅可以输入文本，还可以对文本进行相关设置。本章将对文档的常见操作、文本格式的设置、查找和替换文本等进行详细介绍。

1.1 文档的常见操作

在某些文档中需要输入特殊符号、公式等，有的不能直接使用键盘输入，那该如何操作呢？下面将进行详细介绍。

1.1.1 输入特殊符号

一些特殊符号无法通过键盘输入，如"×""√""①""℃""↑"等，对于这类符号，用户可以通过"符号"命令来输入，如图1-1所示。

图1-1

[实操1-1] 在"化学试卷.wps"中输入特殊符号
[实例资源] \第1章\例1-1

在化学试卷中通常有许多特殊符号，下面介绍如何输入摄氏度符号"℃"。

步骤 01 打开"化学试卷.wps"素材文件，将光标插入"t_2"文本后面，在"插入"选项卡中单击"符号"下拉按钮❶，从列表中选择"其他符号"选项❷，如图1-2所示。

框中选择"℃"❸，单击"插入"按钮，如图1-3所示。

图1-3

图1-2

步骤 02 打开"符号"对话框，在"符号"选项卡中将"字体"设置为"（普通文本）"❶，将"子集"设置为"类似字母的符号"❷，在下方的列表

步骤 03 完成上述操作后，即可将符号"℃"插入"t_2"文本后面，如图1-4所示。

图1-4

应用秘技

用户也可以通过搜狗输入法输入特殊符号。在搜狗工具栏上单击鼠标右键，从弹出的快捷菜单中选择"表情&符号"命令，并在其级联菜单中选择"符号大全"命令，如图1-5所示。打开"符号大全"对话框，选择"特殊符号"选项，并在右侧单击选择需要的符号即可，如图1-6所示。

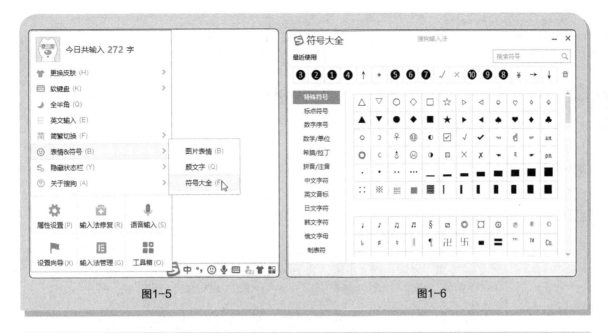

图1-5　　　　　　　　　　　　　　　　　　　　图1-6

1.1.2 | 输入公式

　　公式的输入一般比纯文本的输入复杂，当需要在文档中输入化学或数学公式时，可以使用公式编辑器来输入，如图1-7所示。

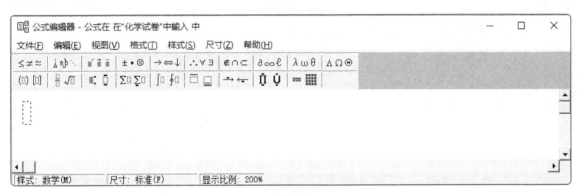

图1-7

[实操1-2] 在"化学试卷.wps"中输入公式
[实例资源] \第1章\例1-2

　　如果需要在"化学试卷.wps"中输入一个复杂的公式，则可以按照以下方法操作。

步骤 01 打开"化学试卷.wps"素材文件，在"插入"选项卡中单击"公式"下拉按钮，从列表中选择"公式"选项，打开"公式编辑器"窗口，如图1-8所示。

步骤 02 通过编辑区域上方的功能面板输入需要的

数学符号，完成公式的输入，如图1-9所示。

步骤 03 关闭"公式编辑器"窗口，即可将公式输入文档中，如图1-10所示。

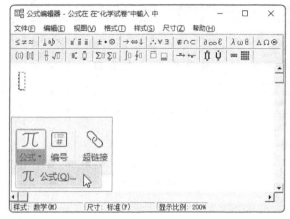
图1-8

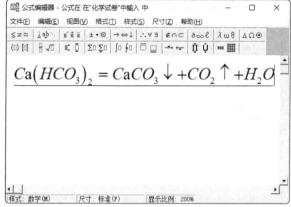
图1-9

二、填空题（本题包括 5 小题，共 19 分）

15.（2分）硬水会给生产生活带来许多不便。生活中可以通过煮沸来降低水的硬度。硬水在煮沸时发生的反应之一是 $Ca(HCO_3)_2 = CaCO_3\downarrow +CO_2\uparrow +H_2O$，该反应所属反应类型是_____。区别硬水和软水时，可用_____来检验。

图1-10

应用秘技

　　如果用户想对公式进行修改，则需要选择公式，单击鼠标右键，从弹出的快捷菜单中选择"公式 对象"命令，并从其级联菜单中选择"编辑"命令，如图1-11所示，打开"公式编辑器"窗口，从中修改公式即可。

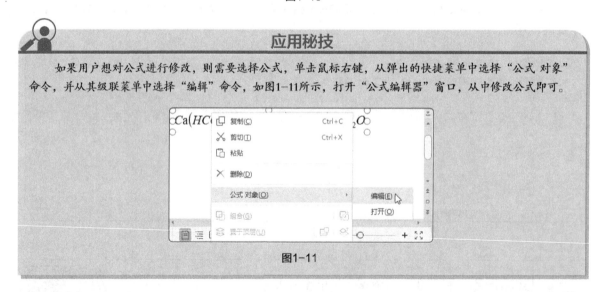
图1-11

1.1.3 快速选择对象

　　文档不仅可以用来存储文字，还可以插入图片、图形、文本框等，要想在文档中快速选择这些对象，可以使用"选择窗格"。

[实操1-3] 快速选择"化学试卷.wps"中的对象
[实例资源] \第1章\例1-3

　　如果用户想快速选择"化学试卷.wps"中的图片，则可以按照以下方法操作。

步骤 01 打开"化学试卷.wps"素材文件，在"开始"选项卡中单击"选择"下拉按钮，从列表中选择"选择窗格"选项，如图 1-12 所示。

图1-12

图1-13

步骤 02 打开"选择窗格"界面，在"文档中的对象"列表框中将显示文档对象的名称，如图 1-13 所示。

步骤 03 在"文档中的对象"列表框中单击选择图片名称，即可将文档中对应的图片选中，如图 1-14 所示。

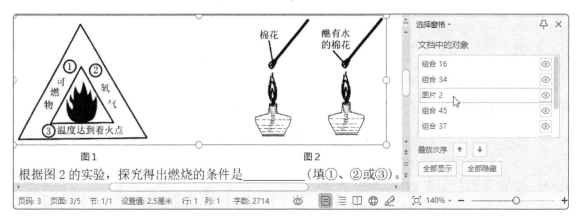

图1-14

1.2 特殊格式的设置

在文档中输入内容后，通常需要对其格式进行设置，如设置下划线、设置上/下标、添加项目符号等。下面将进行详细介绍。

1.2.1 设置下划线

在一些文档中，下划线常用于强调文字。用户可以使用"下划线"命令制作下划线，如图1-15所示。

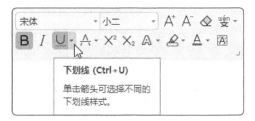

图1-15

[实操1-4] 在"化学试卷.wps"中添加下划线
[实例资源] \第1章\例1-4

试卷中通常会有填空题，此时用户需要设置下划线来实现留空效果。下面介绍具体的操作方法。

步骤 01 打开"化学试卷.wps"素材文件，将光标插入需要添加下划线的位置。在"开始"选项卡中单击"下划线"下拉按钮，从列表中选择合适的下划线类型，如图 1-16 所示。

 应用秘技

用户选择文本后，直接按【Ctrl+U】组合键，即可为所选文本添加下划线。

步骤 02 在键盘上按【Space】空格键，即可根据需要添加合适长度的下划线，如图 1-17 所示。

图1-16

图1-17

1.2.2 设置上／下标

上标是指在文本行上方创建小字符。下标是指在文字基线下方创建小字符。用户单击"上标"按钮 x^2，或按【Ctrl+Shift+=】组合键，可将所选字符设置为上标，如图1-18所示。单击"下标"按钮 x_2，或按【Ctrl+=】组合键，可将所选字符设置为下标，如图1-19所示。

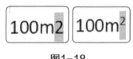

图1-18

图1-19

1.2.3 添加项目符号

项目符号是一种平行排列标志，表示在某项下可有若干条目。为文档内容添加项目符号，可以使内容更加清晰、有层次。用户通过"项目符号"命令，可以添加预设的项目符号或自定义项目符号，如图1-20所示。

图1-20

 [实操1-5] 为"化学试卷.wps"添加自定义项目符号
[实例资源] \第1章\例1-5

微课视频

如果没有合适的预设项目符号，则用户可以自定义项目符号样式。下面介绍具体的操作方法。

步骤 01 打开"化学试卷.wps"素材文件，选择文本，在"开始"选项卡中单击"项目符号"下拉按钮❶，从列表中选择"自定义项目符号"选项❷，如图1-21所示。

图1-21

步骤 02 打开"项目符号和编号"对话框，在"项目符号"选项卡中选择一种符号样式，单击"自定义"按钮，如图1-22所示。

图1-22

步骤 03 打开"自定义项目符号列表"对话框，单击"字符"按钮，如图1-23所示。

步骤 04 打开"符号"对话框，将"字体"设置为"Wingdings"❶，在下方的列表框中选择合适的符号❷，单击"插入"按钮❸，如图1-24所示。

步骤 05 返回"自定义项目符号列表"对话框，单击"字体"按钮，打开"字体"对话框，将"字号"设置为"小三"，单击"确定"按钮，如图1-25所示。

图1-23

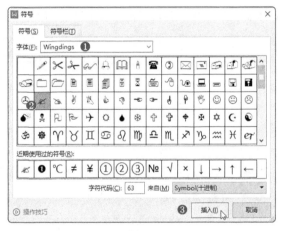

图1-24

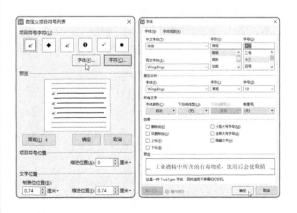

图1-25

步骤 06 再次返回"自定义项目符号列表"对话框，在"项目符号位置"区域将"缩进位置"设置为"0.2厘米"，单击"确定"按钮，如图1-26所示。

图1-26

步骤 07 完成上述操作后，即可为所选文本添加自定义的项目符号，如图1-27所示。

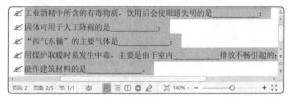

图1-27

1.2.4 | 添加编号

编号和项目符号的使用方法差不多，但编号能看出先后顺序，更具有条理性。用户通过"编号"命令，可以添加内置的编号或自定义编号，如图1-28所示。

图1-28

[实操1-6] 为"化学试卷.wps"添加自定义编号

[实例资源] \第1章\例1-6

微课视频

用户除了可以为文本添加内置的编号，还可以添加自定义编号。下面介绍具体的操作方法。

步骤 01 打开"化学试卷.wps"素材文件，选择文本，在"开始"选项卡中单击"编号"下拉按钮❶，从列表中选择"自定义编号"选项❷，如图1-29所示。

步骤 02 打开"项目符号和编号"对话框，在"编号"选项卡中选择一种编号样式，单击"自定义"按钮，如图 1-30 所示。

图1-29

图1-30

步骤 03 打开"自定义编号列表"对话框,设置"编号格式"❶和"编号样式"❷,单击"字体"按钮❸,如图 1-31 所示。

域将"缩进位置"设置为"0 厘米"❺,单击"确定"按钮,如图 1-32 所示。

图1-31

图1-32

步骤 04 打开"字体"对话框,将"中文字体"设置为"微软雅黑"❶,将"字形"设置为"加粗"❷,将"字号"设置为"10"❸,单击"确定"按钮❹,返回"自定义编号列表"对话框,在"文字位置"区

步骤 05 完成上述操作后,即可为所选文本添加自定义编号,如图 1-33 所示。

图1-33

应用秘技

为文本添加编号后,用户可以根据需要设置编号位置、文本缩进值等。选择文本,单击鼠标右键,从弹出的快捷菜单中选择"调整列表缩进"命令,如图1-34所示。打开"调整列表缩进"对话框,从中进行相应设置即可,如图1-35所示。

图1-34

图1-35

1.3 查找和替换文本

当需要快速从一篇长文档中查找出需要的内容,或一次性替换文档中的某特定文本时,可以使用查找替换功能。下面进行详细介绍。

1.3.1 | 查找文本

使用"查找"功能不仅可以将文档中的某个字、词、句子或其他元素，快速查找并突出显示出来，还可以通过区分大小写、区分全/半角、区分前后缀进行查找。

[实操1-7] 将"化学试卷.wps"中的字符突出显示出来
[实例资源] \第1章\例1-7

如果想要将"化学试卷.wps"中的氧气"O_2"突出显示出来，则可以按照以下方法操作。

步骤 01 打开"化学试卷.wps"素材文件，在"开始"选项卡中单击"查找替换"下拉按钮，从列表中选择"查找"选项，如图1-36所示。

图1-36

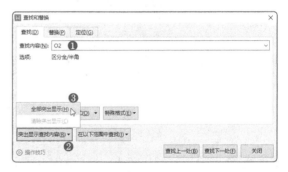

图1-37

步骤 03 完成上述操作后，即可将文档中的"O_2"全部突出显示出来，如图1-38所示。

图1-38

步骤 02 打开"查找和替换"对话框，在"查找内容"文本框中输入"O2"❶，单击"突出显示查找内容"下拉按钮❷，从列表中选择"全部突出显示"选项❸，如图1-37所示。

应用秘技

在"查找和替换"对话框中单击"高级搜索"按钮，在展开的区域中可设置"区分大小写""使用通配符""区分全/半角""区分前缀"等搜索，如图1-39所示。

图1-39

1.3.2 | 替换文字

使用"替换"功能可以批量修改文档中的内容，还可以替换文字格式、样式、段落标记、制表符等。

[实操1-8] 修改"化学试卷.wps"中的错误内容
[实例资源] \第1章\例1-8

当用户不小心将"二氧化碳"输入成"二硫化碳""二样化碳""二氧画碳"等，可以使用通配符进行查找替换。下面介绍具体的操作方法。

步骤 01 打开"化学试卷.wps"素材文件，在"开始"选项卡中单击"查找替换"下拉按钮，从列表中选择"替换"选项，如图1-40所示。

图1-40

步骤 02 打开"查找和替换"对话框，在"替换"选项卡中的"查找内容"文本框中输入"二??碳"❶，

在"替换为"文本框中输入"二氧化碳"❷，勾选"使用通配符"复选框❸，单击"全部替换"按钮❹，弹出提示对话框，提示完成几处替换，单击"确定"按钮即可，如图1-41所示。

图1-41

新手提示

在WPS Office中，通配符"?"代表任意单个字符，"*"代表任意字符串。在使用"?"或"*"时，必须勾选"使用通配符"复选框，才能进行准确查找替换。

1.3.3 | 替换格式

使用"替换"功能除了可以替换文本内容外，还可以替换文本的格式，如字体格式、段落格式等。

[实操1-9] 修改"化学试卷.wps"中的上/下标格式
[实例资源] \第1章\例1-9

微课视频

如果需要将"化学试卷.wps"中的上标，如"O^2"中上标格式的"2"统一修改为下标格式，则可以按照以下方法操作。

步骤 01 打开"化学试卷.wps"素材文件，按【Ctrl+H】组合键，打开"查找和替换"对话框，将光标插入"查找内容"文本框中❶，单击"格式"按

钮❷，选择"字体"选项❸，如图1-42所示。
步骤 02 打开"查找字体"对话框，勾选"上标"复选框，单击"确定"按钮，如图1-43所示。

图1-42

图1-44

步骤 04 再次返回"查找和替换"对话框，单击"全部替换"按钮，即可完成替换，如图 1-45 所示。

图1-45

图1-43

步骤 03 返回"查找和替换"对话框，将光标插入"替换为"文本框中，单击"格式"按钮，选择"字体"选项，打开"替换字体"对话框，勾选"下标"复选框，单击"确定"按钮，如图 1-44 所示。

1.3.4 | 批量删除空格

当文档中存在大量的空格时，用户可以使用"查找替换"功能批量删除空格。用户只需要打开"查找和替换"对话框，在"查找内容"文本框中输入空格，然后取消勾选"区分全/半角"复选框，单击"全部替换"按钮即可，如图1-46所示。

图1-46

1.4 文档的查看

除了编辑文档外，查看文档也非常重要，找到合适的阅读方式可以提高阅读效率。下面进行详细介绍。

1.4.1 文档的视图

在WPS文字中默认视图为"阅读视图"。为了方便快速查看文档，用户可以切换不同的视图，如"阅读视图""写作模式""大纲视图""Web版式视图"等。

1. 阅读视图

阅读视图即专门以阅读方式浏览文档。这种方式只能浏览或查找文档，不能更改文档内容。在"视图"选项卡中单击"阅读视图"按钮，如图1-47所示，即可进入阅读视图，如图1-48所示。在该视图中单击"⊙"或"⊙"按钮，可以左右查看文档。上下滚动鼠标中间的滚轮，可以上下查看文档。

图1-47

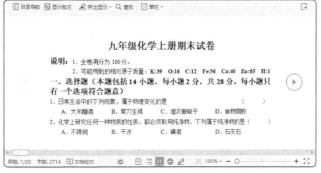

图1-48

单击"查找"按钮，如图1-49所示，弹出"查找"窗格，在文本框中输入需要查找的内容，单击"ᐱ"或"ᐯ"按钮，可向上或向下查找，如图1-50所示。

图1-49

图1-50

单击"自适应"下拉按钮，在列表中可以设置"单栏""两栏"或"自适应"显示文档内容，如图1-51所示。

图1-51

应用秘技

如果用户想要退出阅读视图，则可以按【Esc】键退出。

2. 写作模式

在写作模式下，用户可以设置文档内容的字体格式、加密文档、统计文档字数等，如图1-52所示。

图1-52

3. 大纲视图

在大纲视图下，用户可以设置大纲级别、检查文档结构。在默认情况下，该视图是以大纲的形式显示所有内容，如图1-53所示。

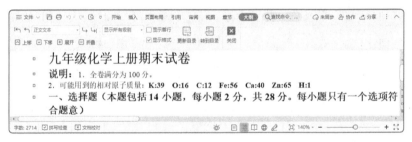

图1-53

应用秘技

如果用户想设置大纲级别，则单击文本前面的"□"图标，即可选中文本，如图1-54所示。单击"大纲级别"下拉按钮，从列表中选择合适的选项即可，如图1-55所示。

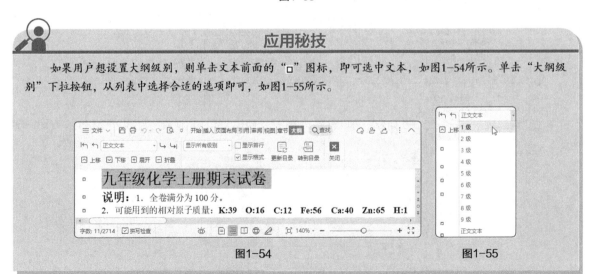

图1-54   图1-55

4. Web版式视图

在Web版式视图下，用户可以以网页形式查看文档。此视图不显示页码和章节号信息，如图1-56所示。

图1-56

1.4.2 设置视图比例

通常，文档默认的显示比例为100%，用户可以通过"显示比例"命令更改文档的显示比例，如图1-57所示。

图1-57

[实操1-10] 自定义显示比例
[实例资源] \第1章\例1-10

用户可以根据需要设置文档的显示比例。下面介绍具体的操作方法。

步骤 01 打开"化学试卷.wps"素材文件，在"视图"选项卡中单击"显示比例"按钮，如图1-58所示。

图1-58

步骤 02 打开"显示比例"对话框，在"百分比"文本框中输入数值，单击"确定"按钮，即可设置文档的显示比例，如图1-59所示。

图1-59

应用秘技

用户也可以快速更改文档的显示比例，只需按住【Ctrl】键不放，然后滚动鼠标滚轮，即可快速增大或减小显示比例。

1.5 文档的保护与打印

文档制作好后，需要根据文档的类型选择是否对其进行保护，或将其打印出来。下面进行详细介绍。

1.5.1 | 限制编辑文档内容

如果用户想限制他人对文档的特定部分进行编辑或设置格式，则可以使用"限制编辑"命令，如图1-60所示。

图1-60

[实操1-11] 限制为只读文档
[实例资源] \第1章\例1-11

微课视频

用户可以限制他人只能查看文档内容，不能修改文档内容。下面介绍具体的操作方法。

步骤 01 打开"化学试卷 .wps"素材文件，在"审阅"选项卡中单击"限制编辑"按钮，打开"限制编辑"窗格，勾选"设置文档的保护方式"复选框❶，选择"只读"单选按钮❷，单击"启动保护"按钮❸，弹出"启动保护"对话框，在"新密码"文本框中输入密码"123"❹，并确认新密码❺，单击"确定"按钮，如图 1-61 所示。

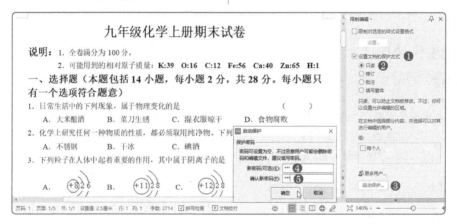

图1-61

步骤 02 此时，用户只能查看文档内容，不能对其进行修改、删除等操作。如果用户想取消保护，则在"限制编辑"窗格中单击"停止保护"按钮，在弹出的"取消保护文档"对话框中输入设置的密码即可，如图 1-62 所示。

图1-62

1.5.2 | 为文档加密

用户可以为文档设置打开密码和编辑密码，只有输入正确的密码，才可以打开或编辑文档。

[实操1-12] 为"化学试卷.wps"设置打开密码
[实例资源] \第1章\例1-12

为了防止泄露题目，用户可以为"化学试卷.wps"设置打开密码。下面介绍具体的操作方法。

步骤 01 打开"化学试卷 .wps"素材文件，单击"文件"按钮❶，选择"文档加密"选项❷，从其级联菜单中选择"密码加密"选项❸，如图 1-63 所示。

图1-63

步骤 02 打开"密码加密"对话框，从中设置打开文件密码❶和修改文件密码❷，单击"应用"按钮❸，如图 1-64 所示。

图1-64

步骤 03 保存并关闭文档后，再次打开该文档，只有输入打开密码，才能打开该文档，如图 1-65 所示。只有输入修改密码，才能编辑文档，如图 1-66 所示。

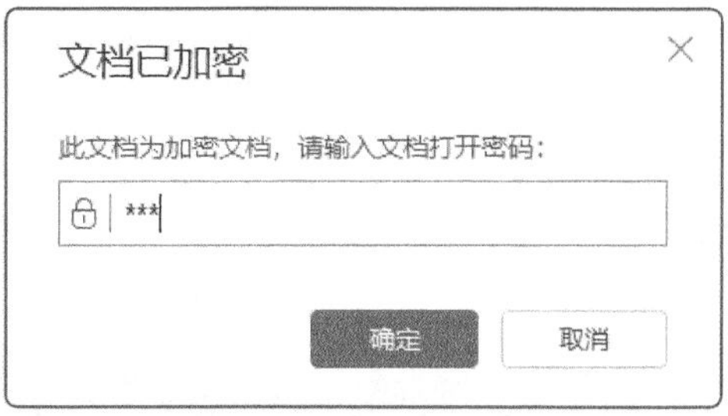

文档已加密 ✕

此文档为加密文档，请输入文档打开密码：

🔒 | ***

确定　　取消

图1-65

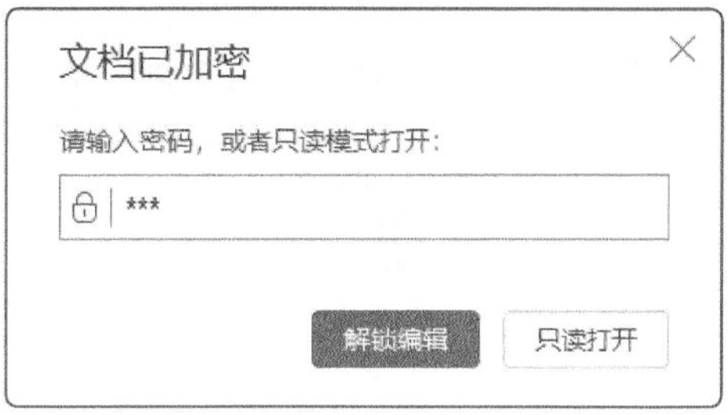

文档已加密 ✕

请输入密码，或者只读模式打开：

🔒 | ***

解锁编辑　　只读打开

图1-66

步骤 04 如果用户输入 2 次错误的打开密码，则会在下方显示密码提示信息，如图 1-67 所示。

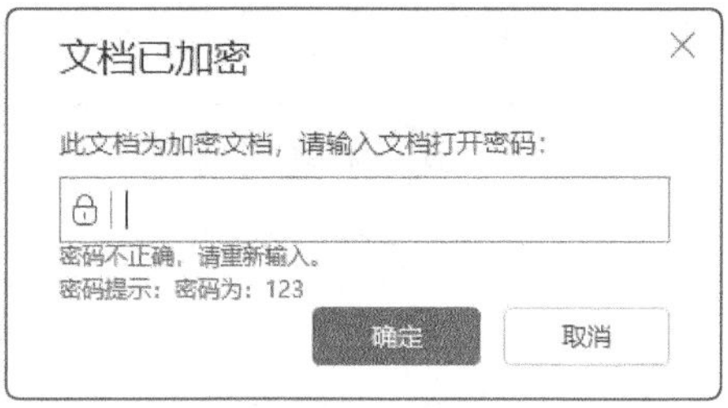

文档已加密 ✕

此文档为加密文档，请输入文档打开密码：

🔒 | |

密码不正确，请重新输入。
密码提示：密码为：123

确定　　取消

图1-67

新手提示

设置密码后要妥善保管密码，一旦遗忘密码，则无法恢复，所以为了防止忘记密码，用户需要设置密码提示。

1.5.3 | 打印文档

在工作中有时需要将电子文档打印成纸质文档，此时，用户只需要在文档上方单击"打印预览"按钮❶，进入打印预览界面，从中设置打印机、打印份数、打印顺序、打印方式等，单击"直接打印"按钮❷，即可将文档打印出来，如图 1-68所示。

图1-68

实战演练 制作环保倡议书

微课视频

下面通过制作环保倡议书，来温习和巩固前面所学知识，具体操作步骤如下。

步骤 01 新建一个空白文档，在其中输入标题和正文内容，如图 1-69 所示。

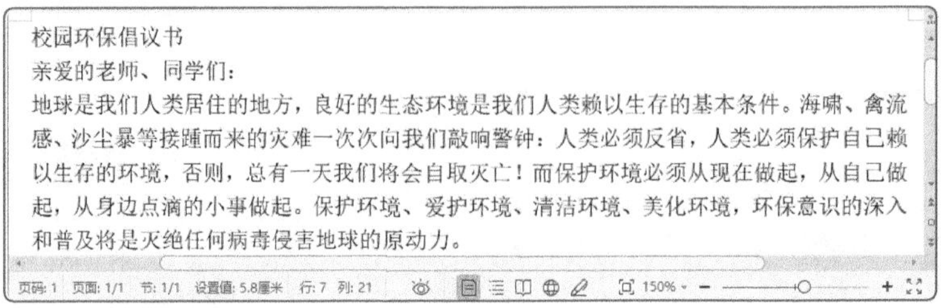

图1-69

步骤 02 选择标题文本，在"开始"选项卡中将"字体"设置为"黑体"，将"字号"设置为"三号"，并加粗显示，如图 1-70 所示。

图1-70

步骤 03 选择正文内容，将"字体"设置为"宋体"，将"字号"设置为"五号"，如图 1-71 所示。

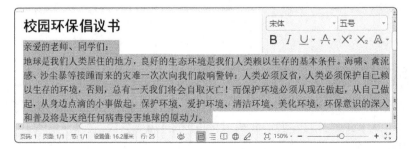

图1-71

步骤 04 选择标题文本，单击鼠标右键，从弹出的快捷菜单中选择"段落"命令，如图 1-72 所示。

图1-72

步骤 05 打开"段落"对话框，将"对齐方式"设置为"居中对齐"❶，将"段前"和"段后"间距设置为"0.5 行"❷，如图 1-73 所示。

图1-73

步骤 06 选择正文内容，打开"段落"对话框，将"行距"设置为"1.5 倍行距"，如图 1-74 所示。

步骤 07 选择文本，打开"段落"对话框，将"特殊格式"设置为"首行缩进"❶，将"度量值"设置为"2 字符"❷，如图 1-75 所示。按照同样的方法，为其他文本设置首行缩进。

图1-74

图1-75

步骤 08 选择末尾文本，打开"段落"对话框，将"对齐方式"设置为"右对齐"❶，将"段前"间距设置为"1 行"❷，如图 1-76 所示。

步骤 09 选择段落文本，在"开始"选项卡中单击"编号"下拉按钮，从列表中选择合适的编号样式即可，如图 1-77 所示。

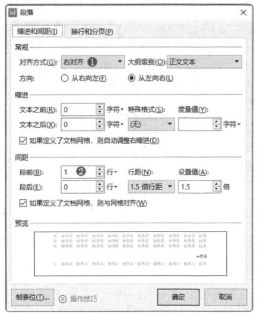

图1-76

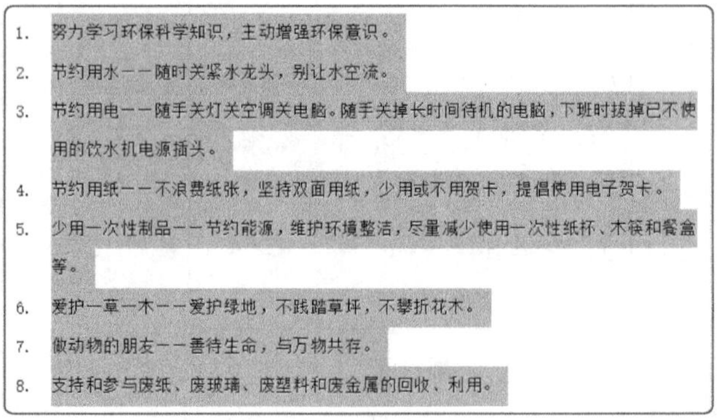

努力学习环保科学知识，主动增强环保意识。

图1-77

疑难解答

Q：如何批量删除空行？

A：按【Ctrl+H】组合键，打开"查找和替换"对话框，在"查找内容"文本框中输入"^p^p"，在"替换为"文本框中输入"^p"，单击"全部替换"按钮即可，如图1-78所示。

图1-78

Q：如何为文字添加拼音？

A：选择文字，在"开始"选项卡中单击"其他选项"下拉按钮，从列表中选择"拼音指南"选项，如图1-79所示。打开"拼音指南"对话框，在"拼音文字"区域中默认显示拼音，设置对齐方式、字体、字号等，单击"确定"按钮，即可为文字添加拼音，如图1-80所示。

Q：如何显示段落标记？

A：在"开始"选项卡中单击"显示/隐藏编辑标记"下拉按钮，在列表中勾选"显示/隐藏段落标记"选项即可，如图1-81所示。

图1-79

图1-80

图1-81

第 2 章

图文混排轻松上手

　　使用 WPS 文字，用户不仅可以对文字进行各种处理，还可以对文档进行美化操作，如设置文档背景、插入图片、插入形状、插入文本框等，从而丰富文档页面，提高可读性。本章将对文档的图文混排进行详细介绍。

2.1 文档背景的设置

用户可以为文档设置页面布局、填充背景、页面边框等效果。下面进行详细介绍。

2.1.1 设置文档页面

新建文档后，用户可以对文档的页边距、纸张方向、纸张大小等进行设置，只需要在"页面布局"选项卡中进行相关操作即可，如图2-1所示。

图2-1

[实操2-1] 设置"企业招聘"宣传文档页边距
[实例资源] \第2章\例2-1

页边距是页面的边线到文字的距离，分为上、下、左、右页边距。下面介绍如何为"企业招聘"宣传文档设置合适的页边距。

步骤 01 新建空白文档,并命名为"企业招聘.wps"文件。在"页面布局"选项卡中单击"页边距"下拉按钮❶,从列表中选择"自定义页边距"选项❷,如图2-2所示。

步骤 02 打开"页面设置"对话框,在"页边距"选项卡中将"上""下""左""右"页边距设置为"1厘米",单击"确定"按钮,如图2-3所示。

图2-2

图2-3

2.1.2 设置填充背景

在不影响阅读的情况下,用户可以为文档设置填充背景。通过"背景"命令,用户可以为文档设置纯色填充背景、图片背景、渐变背景、纹理背景、图案背景等,如图2-4所示。

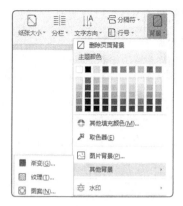

图2-4

 [实操2-2] 为文档设置"图案"背景
[实例资源] \第2章\例2-2

WPS文档默认的背景颜色为白色，为了文档页面的美观，用户可以为其设置图案背景，下面介绍具体的操作方法。

步骤 01 打开"企业招聘.wps"素材文件，在"页面布局"选项卡中单击"背景"下拉按钮❶，从列表中选择"其他背景"选项❷，并从其级联菜单中选择"图案"选项❸，如图 2-5 所示。

图2-5

步骤 02 打开"填充效果"对话框，在"图案"选项卡中选择合适的图案样式❶，并设置"前景"❷和"背景"❸颜色，单击"确定"按钮❹，如图 2-6 所示。

步骤 03 此时，可以看到为文档设置图案填充背景的效果，如图 2-7 所示。

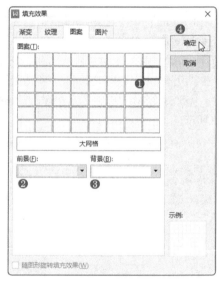

图2-6

图2-7

2.1.3 设置页面边框

边框起到修饰页面的作用，用户可以在"边框和底纹"对话框中为文档设置边框效果。

[实操2-3] 为文档设置边框

[实例资源] \第2章\例2-3

为文档页面添加边框可以增加文档的吸引力，下面介绍如何为"企业招聘"宣传文档设置边框。

步骤 01 打开"企业招聘.wps"素材文件，在"页面布局"选项卡中单击"页面边框"按钮，如图2-8所示。

图2-8

步骤 02 打开"边框和底纹"对话框，选择"页面边框"选项卡❶，在"设置"选项栏中选择"方框"选项❷，在"线型"列表框中选择合适的线型样式❸，并设置颜色❹和宽度❺，在"应用于"列表中选择"整篇文档"选项❻，单击"选项"按钮❼，如图2-9所示。

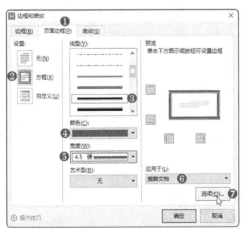

图2-9

步骤 03 打开"边框和底纹选项"对话框，将"距正文"的"上""下""左""右"设置为"1磅"❶，在"度量依据"列表中选择"页边"❷，单击"确定"按钮❸，如图2-10所示。

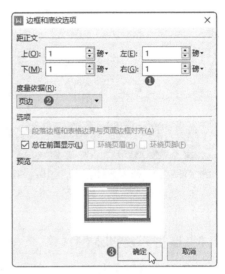

图2-10

步骤 04 即可为文档页面添加边框，如图2-11所示。

图2-11

应用秘技

如果用户想要为文档页面设置一个艺术型边框，则可以在"页面边框"选项卡中单击"艺术型"下拉按钮，如图2-12所示，从列表中选择合适的艺术样式即可，如图2-13所示。

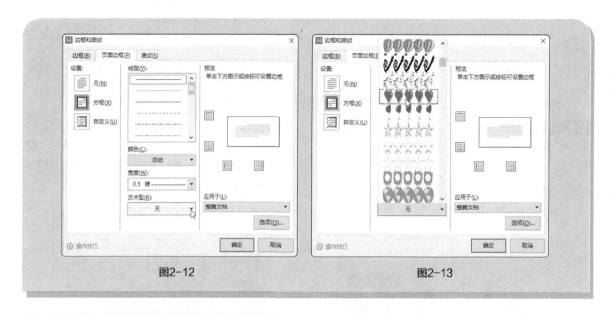

图2-12   图2-13

2.2 图片的插入与编辑

为了使文档看起来更加美观，可以在其中插入图片，然后根据需要对其进行一系列编辑，如设置图片环绕方式、删除图片背景、设置图片样式等，下面进行详细介绍。

2.2.1 多种方法插入图片

WPS Office提供了多种插入图片的方法，用户可以插入本地图片、手机中的图片和搜索的图片。

1. 插入本地图片

在"插入"选项卡中单击"图片"下拉按钮❶，从列表中选择"本地图片"选项❷，如图2-14所示。在打开的"插入图片"对话框中选择合适的图片，单击"打开"按钮，如图2-15所示，即可将所选图片插入文档中。

图2-14

图2-15

2. 插入手机图片

在"图片"列表中选择"手机传图"选项，打开"插入手机图片"面板，如图2-16所示。用手机微信扫描面板上的二维码进行连接，连接后，选择手机中的图片，如图2-17所示。所选图片将会出现在"插入手机图片"面板中，如图2-18所示。双击图片或单击鼠标右键插入，即可将图片插入文档中。

| 图2-16 | 图2-17 | 图2-18 |

3. 插入搜索的图片

在"图片"列表中的搜索框中输入需要搜索的图片名称，按【Enter】键确认，即可搜索出相关图片，如图2-19所示。在需要的图片上单击，即可将其插入文档。

图2-19

2.2.2 设置图片环绕方式

在默认情况下，文档中的图片是以"嵌入型"形式存放的，用户可以根据需要将图片设置为"四周型环绕""紧密型环绕""衬于文字下方""浮于文字上方""上下型环绕"或"穿越型环绕"。选中图片后，在"图片工具"选项卡中单击"环绕"下拉按钮，从列表中选择一种合适的环绕方式即可，如图2-20所示。

图2-20

2.2.3 删除图片背景

当用户需要将图片的背景删除，保留需要的图片区域时，可以通过"抠除背景"命令来实现，如图2-21所示。

图2-21

 [实操2-4] 删除"小喇叭"图片的背景
[实例资源] \第2章\例2-4

当图片的背景和图片中对象的颜色形成强烈对比时，可以使用"抠除背景"命令将图片的背景删除，下面介绍具体的操作方法。

步骤 01 打开"企业招聘.wps"素材文件，选中图片，在"图片工具"选项卡中单击"抠除背景"下拉按钮❶，从列表中选择"智能抠除背景"选项❷，如图2-22所示。

步骤 02 打开"抠除背景"对话框，在需要抠除的区域单击鼠标进行标志❶，然后拖动滑块调整当前点抠除程度❷，再单击"完成抠图"按钮❸，如图2-23所示。

图2-22

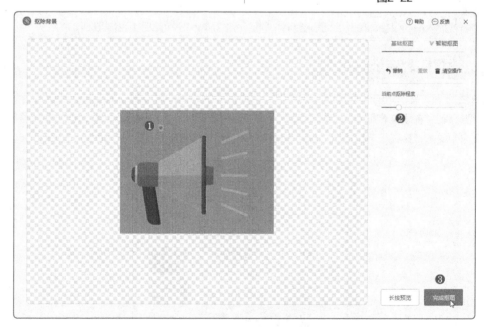

图2-23

步骤 03 即可将标志的图片背景删除，如图2-24所示。

图2-24

2.2.4 设置图片样式

文档中的图片通常需要进行适当的美化，用户可以根据需要对图片的样式进行设置，如设置图片的亮度/对比度、效果等。

1. 设置图片亮度/对比度

选中图片，在"图片工具"选项卡中单击"⚊⁺"按钮，可以增加图片的对比度，单击"⚊⁻"按钮，可以降低图片的对比度，单击"☀⁺"按钮，可以增加图片亮度，单击"☀⁻"按钮，可以降低图片的亮度。

2. 设置图片效果

选中图片，在"图片工具"选项卡中单击"效果"下拉按钮，在展开的列表中可以为图片设置"阴影""倒影""发光""柔化边缘""三维旋转"等效果，如图2-25所示。

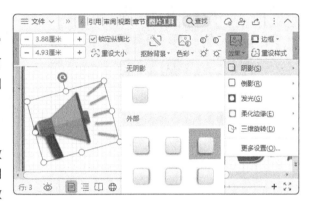

图2-25

应用秘技

用户也可以设置图片的边框样式，选中图片，单击"边框"下拉按钮，从列表中可以设置图片边框的颜色、线型、虚线线型等，如图2-26所示。

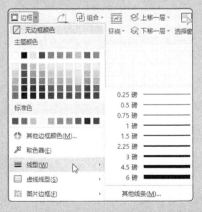

图2-26

2.3 形状的插入和编辑

在文档中使用形状进行辅助说明或作为修饰，可以更好地展示文档内容。下面进行详细介绍。

2.3.1 | 绘制形状

WPS Office为用户提供了线条、矩形、基本形状、箭头总汇、公式形状等8种形状类型，用户通过"形状"命令可以绘制不同的形状。

[实操2-5] 绘制矩形
[实例资源] \第2章\例2-5

微课视频

绘制形状的操作很简单，下面介绍如何在文档中绘制一个矩形。

步骤 01 打开"企业招聘.wps"素材文件，在"插入"选项卡中单击"形状"下拉按钮❶，从列表中选择"矩形"选项❷，如图2-27所示。

图2-27

步骤 02 此时鼠标光标变为十字形状，按住鼠标左键不放，拖动鼠标进行绘制，如图2-28所示。

图2-28

步骤 03 绘制好后，即可在文档合适位置插入一个矩形，如图2-29所示。

图2-29

2.3.2 | 在形状中输入内容

绘制形状后，为了更好地呈现文档内容，可以通过"添加文字"命令在形状中输入内容。

[实操2-6] 在矩形中输入文字
[实例资源] \第2章\例2-6

在形状中输入文字也可以起到突出重点内容的作用，下面介绍具体的操作方法。

步骤 01 打开"企业招聘 .wps"素材文件，选中矩形，单击鼠标右键，从弹出的快捷菜单中选择"添加文字"命令，如图 2-30 所示。

图2-30

步骤 02 将鼠标光标插入矩形中，直接输入文本内容即可，如图 2-31 所示。

图2-31

2.3.3 美化形状

绘制的形状默认样式通常不是很美观，为了使形状绚丽多彩，用户可以在"绘图工具"选项卡中设置形状的填充（见图2-32）和轮廓（见图2-33），以及设置形状效果，如图2-34所示。

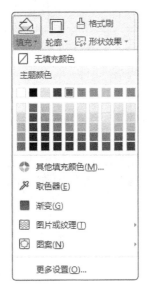

图2-32

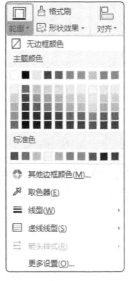

图2-33

图2-34

[实操2-7] 美化矩形
[实例资源] \第2章\例2-7

绘制矩形后，用户可以对矩形的填充颜色和轮廓进行设置，下面介绍具体的操作方法。

步骤 01 打开"企业招聘 .wps"素材文件，选中矩形，在"绘图工具"选项卡中单击"填充"下拉按钮❶，从列表中选择"取色器"选项❷，如图 2-35 所示。

步骤 02 此时鼠标指针变为吸管形状，在需要的颜色处单击鼠标，拾取该颜色，如图 2-36 所示。

步骤 03 拾取的颜色即可作为矩形的填充颜色，如图 2-37 所示。

步骤 04 在"绘图工具"选项卡中单击"轮廓"下拉按钮❶，从列表中选择"无边框颜色"选项❷，如图 2-38 所示，可以去掉矩形的边框颜色。

微课视频

图2-35

图2-36

图2-37

图2-38

应用秘技

　　用户也可以快速美化形状，只需要在"绘图工具"选项卡中单击"其他"下拉按钮，从列表中选择合适的样式，如图2-39所示，即可为形状套用所选样式。

图2-39

2.4　文本框和艺术字的插入

　　在文档中使用文本框，可以更灵活排版文字内容，使其呈现出更好的效果，而艺术字可以起到美化、突出标题的作用。下面进行详细介绍。

2.4.1　插入艺术字

　　WPS Office内置了一个艺术字库，如图2-40所示，可以帮助用户制作出具有装饰性效果的文字。

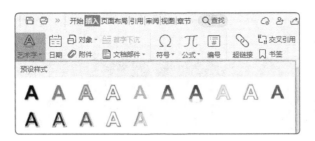

图2-40

  [实操2-8] 为文档插入标题艺术字
[实例资源] \第2章\例2-8

用户在文档中插入艺术字后，可以根据需要更改艺术字的样式，下面介绍具体的操作方法。

步骤 01 打开"企业招聘.wps"素材文件，在"插入"选项卡中单击"艺术字"下拉按钮❶，从列表中选择合适的艺术字样式❷，如图2-41所示。

图2-41

步骤 02 在文档中插入一个"请在此放置您的文字"艺术字文本框，如图2-42所示。

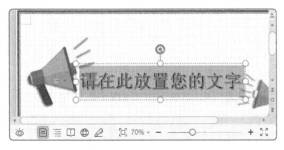

图2-42

步骤 03 在艺术字文本框中输入标题"招聘"，在"开始"选项卡中将艺术字的字体设置为"微软雅黑"❶，将字号设置为"130"❷，如图2-43所示。

步骤 04 选中艺术字文本框，在"文本工具"选项卡中单击"文本填充"下拉按钮❶，从列表中选择合适的填充颜色❷，如图2-44所示。

图2-43

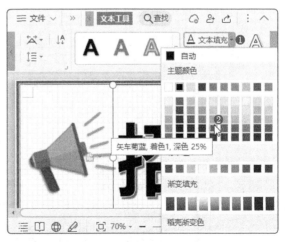

图2-44

步骤 05 即可更改艺术字文本的填充颜色，如图2-45所示。

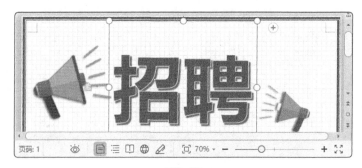

图2-45

2.4.2 插入文本框

文本框用于存放文本、图片和图形。WPS Office为用户提供了3种预设文本框，分别为横向、竖向和多行文字，如图2-46所示。用户可以根据需要绘制文本框。

其中选择"横向"，可以绘制一个内容为横向的文本框；选择"竖向"，可以绘制一个内容为竖向的文本框；选择"多行文字"，可以绘制一个输入多行内容的文本框。

图2-46

[实操2-9] 美化文本框
[实例资源] \第2章\例2-9

在文档中绘制的文本框默认带有黑色边框，用户可以根据需要对文本框进行美化，下面介绍具体的操作方法。

步骤 01 打开"企业招聘.wps"素材文件，在"插入"选项卡中单击"文本框"下拉按钮❶，从列表中选择"横向"选项❷，如图2-47所示。

图2-47

步骤 02 鼠标指针变为十字形，拖动鼠标，在页面合适位置绘制一个文本框，如图2-48所示。

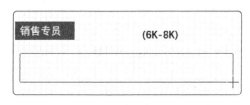

图2-48

步骤 03 绘制好后，在文本框中输入相关内容，如图2-49所示。

图2-49

步骤 04 选中文本框，在"绘图工具"选项卡中单击"填充"下拉按钮❶，从列表中选择"无填充颜色"选项❷，如图2-50所示。

步骤 05 在"绘图工具"选项卡中单击"轮廓"下拉按钮❶，从列表中选择"无边框颜色"选项❷，如图2-51所示。

步骤 06 即可将文本框设置为无填充和无边框，如图2-52所示。

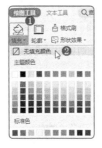
图2-50

图2-51

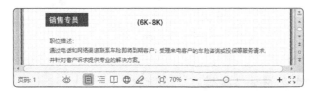
图2-52

2.5 制作二维码

在WPS文字文档中，用户可以直接生成一个二维码，并根据需要进行美化和导出。下面进行详细介绍。

2.5.1 生成二维码

在WPS文字文档中，用户通过"二维码"命令可以快速生成一个二维码。

[实操2-10] 生成网址二维码
[实例资源] \第2章\例2-10

微课视频

如果用户想要生成一个网址二维码，则可以按照以下方法操作。

步骤 01 新建文档，打开"插入"选项卡，单击"二维码"按钮，如图2-53所示。

步骤 02 打开"插入二维码"

图2-53

对话框，在对话框的左侧选择" ✐ "选项❶，在"输入内容"文本框中输入网址❷，在右侧即可快速生成一个二维码❸，如图2-54所示。

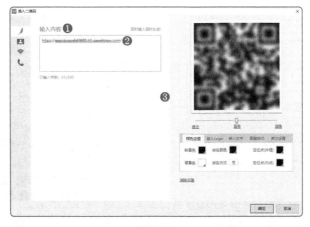
图2-54

2.5.2 美化二维码

用户可以在"插入二维码"对话框中，对生成的二维码进行美化，如设置颜色、嵌入Logo、嵌入文字、设置图案样式等，如图2-55所示。

图2-55

 [实操2-11] 美化网址二维码
[实例资源] \第2章\例2-11

用户生成网址二维码后，可以对二维码的颜色、样式等进行设置。下面介绍具体的操作方法。

步骤 01 打开"二维码.wps"素材文件，在"插入二维码"对话框中选择"颜色设置"选项卡，从中设置"前景色""背景色""渐变颜色""渐变方式"等，如图2-56所示。

图2-56

步骤 02 选择"嵌入文字"选项卡，在文本框中输入文本，并设置"效果""字号"和"文字颜色"，单击"确定"按钮，即可将文字嵌入二维码中，如图2-57所示。

步骤 03 选择"图案样式"选项卡，从中单击"定位点样式"按钮，从列表中选择合适的样式即可，如图2-58所示。

步骤 04 单击"确定"按钮，即可将二维码插入文档中。

图2-57

图2-58

2.5.3 导出二维码

将二维码插入文档中后，用户可以将其以图片的形式导出。选择二维码，单击鼠标右键，选择"另存为图片"命令，如图2-59所示。打开"另存文件"对话框，从中选择保存位置❶，设置文件名❷，单击"保存"按钮❸，即可将二维码导出，如图2-60所示。

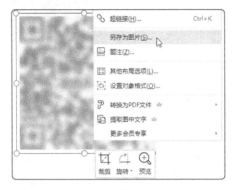

图2-59

图2-60

实战演练 制作邀请函

下面通过制作邀请函，来温习和巩固前面所学知识，具体操作步骤如下。

微课视频

步骤 01 新建一个空白文档，在"页面布局"选项卡中单击"背景"下拉按钮，从列表中选择"图片背景"选项，打开"填充效果"对话框，在"图片"选项卡❶中单击"选择图片"按钮❷，如图2-61所示。

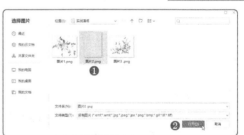

图2-62

图2-61

步骤 02 在打开的"选择图片"对话框中选择合适的图片❶，单击"打开"按钮❷，如图2-62所示。返回"填充效果"对话框，在"图片"预览框中可以预览图片效果，单击"确定"按钮，即可为文档填充背景图片，如图2-63所示。

图2-63

步骤 03 在"插入"选项卡中单击"形状"下拉按钮，从列表中选择"矩形"选项，如图2-64所示。

步骤 04 在文档页面绘制一个大小合适的矩形，在"绘图工具"选项卡中将"填充"设置为白色，将"轮廓"设置为"无边框颜色"，如图2-65所示。

图2-64

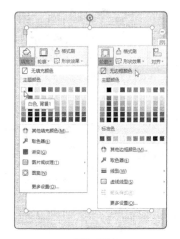

图2-65

步骤 05 在文档中插入一张图片，并将图片的环绕方式设置为"衬于文字下方"，调整图片的大小，将其移至页面合适位置，如图2-66所示。

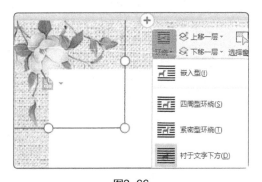

图2-66

步骤 06 在文档中再插入一张图片，将其环绕方式设置为"浮于文字上方"，并移至页面合适位置，如图2-67所示。

步骤 07 在"插入"选项卡中单击"文本框"下拉按钮，从列表中选择"横向"选项，在文档页面合适位置绘制一个文本框，如图2-68所示。

图2-67

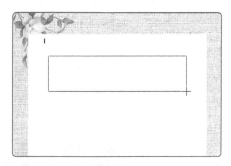

图2-68

步骤 08 选中文本框，将"填充"设置为"无填充颜色"，将"轮廓"设置为"无边框颜色"，然后输入标题"邀请函"，并设置其字体格式，如图2-69所示。

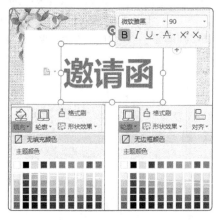

图2-69

步骤 09 按照同样的方法绘制一个文本框，并在其中输入相关内容，如图2-70所示。

图2-70

疑难解答

Q：如何旋转图片？

A：选择图片，在"图片工具"选项卡中单击"旋转"下拉按钮，从列表中选择合适的旋转角度即可，如图2-71所示。

Q：如何组合对象？

A：选择需要组合的对象，单击鼠标右键，从弹出的快捷菜单中选择"组合"命令即可，如图2-72所示。

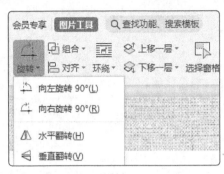

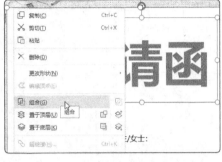

图2-71　　　　　　　　　　　　　　　　图2-72

Q：如何快速选择文档中的对象？

A：在"开始"选项卡中单击"选择"下拉按钮，从列表中选择"选择窗格"选项，如图2-73所示。窗口的右侧会打开"选择窗格"窗格，在"文档中的对象"列表框中选择对象即可，如图2-74所示。

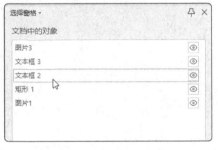

图2-73　　　　　　　　　　　　　　　　图2-74

Q：如何绘制圆形？

A：通过在"形状"列表中选择"椭圆"选项，在文档中绘制的圆形一般都是椭圆，要想绘制一个圆形，需要按住【Shift】键不放，然后拖动鼠标指针进行绘制。

第3章

在文档中应用表格

通常在制作简历、请假条、值班表等之类的文档时，需要用到表格。WPS 文字虽然主要用来处理文字，但表格在文档中也发挥着非常重要的作用。本章将对表格的插入和布局、表格样式的设计、表格数据的处理等进行详细介绍。

3.1 表格的插入和布局

在文档中插入表格后，需要对其布局进行设置，例如添加/删除行列、调整行高/列宽、合并/拆分单元格等。下面进行详细介绍。

3.1.1 创建基础表格

在WPS文字中通过"表格"下拉按钮，可以拖动鼠标指针并单击直接插入表格，如图3-1所示。或者使用"插入表格"对话框插入表格，如图3-2所示。

图3-1　　　　　　　　　　　　　　　　图3-2

[实操3-1]　绘制表格

[实例资源]　\第3章\例3-1

除了系统自动插入表格外，用户还可以手动绘制表格。下面介绍具体的操作方法。

步骤 01 新建空白文档，在"插入"选项卡中单击"表格"下拉按钮❶，从列表中选择"绘制表格"选项❷，如图 3-3 所示。

图3-3

步骤 02 此时鼠标指针变成铅笔形状，按住鼠标左键不放，拖动鼠标绘制表格，如图 3-4 所示。

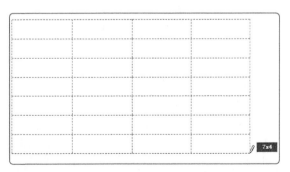

图3-4

步骤 03 绘制好后按【Esc】键退出绘制即可。

新手提示

通过拖动鼠标并单击的方式只能插入8行17列的表格，如果用户想要插入超出8行17列的表格，则需要在"插入表格"对话框中设置。

3.1.2 添加 / 删除行列

创建表格后，在编辑表格内容的过程中有时需要添加或删除行和列，此时可以使用"相应"功能进行操作，如图3-5所示。

图3-5

[实操3-2] 在表格中插入行/列
[实例资源] \第3章\例3-2

微课视频

当需要在表格中插入行/列时，可以按照以下方法操作。

步骤 01 打开"货物签收单 .wps"素材文件，将光标插入单元格中❶，在"表格工具"选项卡中单击"在右侧插入列"按钮❷，如图 3-6 所示。

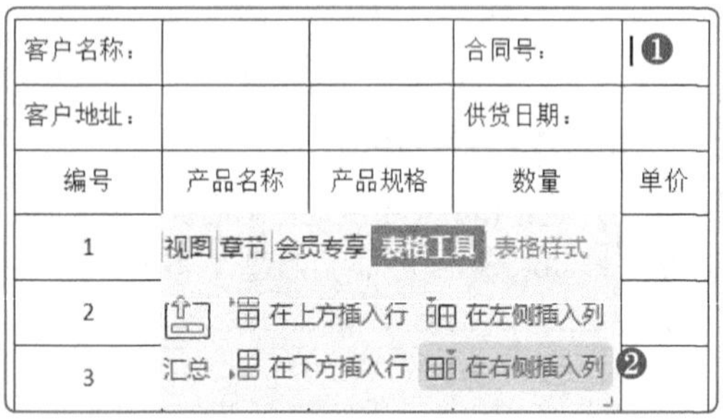

图3-6

步骤 02 完成上述操作后，即可在光标所在位置的右侧插入一列，如图 3-7 所示。

图3-7

步骤 03 将光标插入单元格中❶，单击"在下方插入行"按钮❷，如图 3-8 所示。

图3-8

步骤 04 完成上述操作后，即可在光标所在位置的下方插入一行，如图 3-9 所示。

图3-9

在编辑表格内容时，为了使整个表格中的内容布局更加合理，需要对表格的行高和列宽进行调整。调整行高时，将鼠标指针移至行下方的分隔线上，当鼠标指针变为"÷"形状时，拖动鼠标，可调整该行的行高，如图3-10所示。调整列宽时，将鼠标指针移至列右侧分隔线上，当鼠标指针变为"⊹⊹"形状时，拖动鼠标指针可调整该列的列宽，如图3-11所示。

图3-10   图3-11

应用秘技

将光标插入单元格中，在"表格工具"选项卡中单击"高度"和"宽度"的减号━或加号╋按钮，可以微调单元格所在行的行高和所在列的列宽，如图3-12所示。

图3-12

3.1.4 | 合并 / 拆分单元格

合并单元格就是将所选的多个单元格合并为一个单元格，拆分单元格就是将所选单元格拆分成多个单元格，如图3-13所示。

1. 合并单元格

选择多个单元格后，在"表格工具"选项卡中单击"合并单元格"按钮，可将多个单元格合并成一个单元格，如图3-14所示。

图3-13

图3-14

2. 拆分单元格

将光标插入需要拆分的单元格中❶，单击"拆分单元格"按钮，在打开的"拆分单元格"对话框中设置"列数"和"行数"❷，单击"确定"按钮❸，即可将单元格拆分成设置的行、列数❹，如图3-15所示。

图3-15

3.1.5 拆分与合并表格

拆分表格就是将1个表格拆分成2个，选中的行将作为新表格的首行。通常拆分表格是按行拆分。

1. 拆分表格

选择需要拆分的位置，在"表格工具"选项卡中单击"拆分表格"下拉按钮，从列表中选择"按行拆分"选项，可将表格拆分成上下两个表格，如图3-16所示。

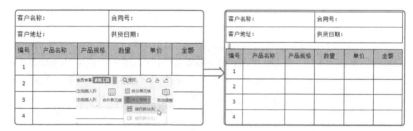

图3-16

2. 合并表格

合并表格只需要将光标定位至两个表格之间的空白处，按【Delete】键删除空白行即可。

 应用秘技

选择2个表格中位于下方的表格，按【Shift+Alt+↑】组合键可以快速合并表格；选择需要作为第二个表格的全部内容，按【Shift+Alt+↓】组合键可以快速拆分表格。

3.1.6 表格与文本互换

在WPS文字中可以将表格转换成文本，或将文本转换成表格，这可省去复杂的操作步骤，节省大量时间。

1. 将表格转换成文本

选择表格后，如图3-17所示。在"表格工具"选项卡中单击"转换成文本"按钮，如图3-18所示。在打开的"表格转换成文本"对话框中直接单击"确定"按钮，即可将表格转换成文本形式，如图3-19所示。

图3-17

图3-18

图3-19

2. 将文本转换成表格

选择文本，如图3-20所示。在"插入"选项卡中单击"表格"下拉按钮❶，从列表中选择"文本转换成表格"选项❷，在打开的"将文字转换成表格"对话框中直接单击"确定"按钮即可❸，如图3-21所示。

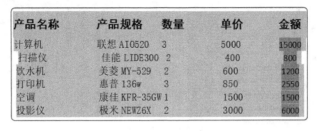

图3-20

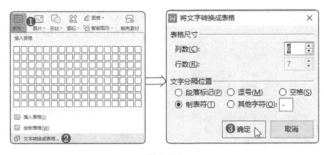

图3-21

3.2 设计表格样式

WPS文字默认的表格样式不是很美观，用户可以根据需要对其进行美化。下面进行详细介绍。

3.2.1 设置表格边框样式

边框样式包括线型、线型粗细、边框颜色等，用户通过"表格样式"选项卡中的命令可以设置边框样式，如图3-22所示。

图3-22

[实操3-3] 为"货物签收单.wps"设置边框样式

[实例资源] \第3章\例3-3

微课视频

用户可以设置表格的外框线和内框线样式，并将框线样式应用至表格上。下面介绍具体的操作方法。

步骤 01 打开"货物签收单 .wps"素材文件，选择表格，在"表格样式"选项卡中单击"边框"下拉按钮❶，从列表中选择"无框线"选项❷，如图 3-23所示。

步骤 02 单击"线型"下拉按钮❶，从列表中选择合适的线型❷，如图 3-24 所示。

步骤 03 单击"线型粗细"下拉按钮❶，从列表中选择"0.75 磅"❷，如图 3-25 所示。

步骤 04 单击"边框颜色"下拉按钮❶，从列表中选择合适的颜色❷，如图 3-26 所示。

图3-23

图3-24

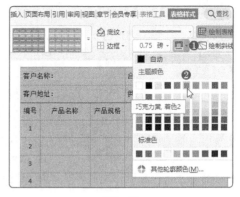

图3-26

步骤 05 单击"边框"下拉按钮❶，从列表中选择"外侧框线"选项❷，将设置的框线样式应用至表格的外边框上，如图 3-27 所示。

步骤 06 按照上述方法，再次设置边框样式，并将其应用至表格的内部框线上，如图 3-28 所示。

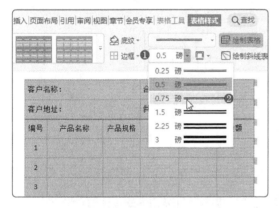

图3-25

图3-27　　　　　　　图3-28

3.2.2 设置底纹效果

设置底纹就是为所选单元格设置背景颜色。为单元格设置底纹不仅可以美化表格，还可以起强调作用。用户选择单元格后，在"表格样式"选项卡中单击"底纹"下拉按钮❶，从列表中选择合适的颜色❷，如图3-29所示，即可为所选单元格设置底纹效果，如图3-30所示。

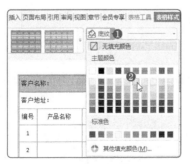

图3-29　　　　　　　图3-30

3.2.3 套用内置样式

WPS文字预设了多种表格样式，用户可以直接为表格套用内置的样式。选择表格后，在"表格样式"选项卡中单击"其他"下拉按钮❶，从展开的列表中选择合适的表格样式❷，如图3-31所示，即可快速为表格套用所选样式，如图3-32所示。

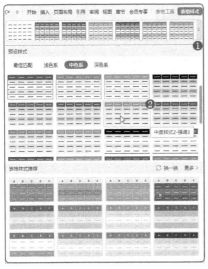

图3-31

图3-32

3.3 处理表格数据

表格除了用来组织文档信息外，还可以使用公式计算数据、对数据排序等。下面进行详细介绍。

3.3.1 表格公式

在表格中，用户可以使用公式计算数据，如计算和、平均值、乘积等，只需要通过"公式"对话框就可以实现，如图3-33所示。

其中，在"数字格式"下拉列表框中可以选择值的数字格式；在"粘贴函数"下拉列表框中可以选择需要计算的函数类型；在"表格范围"下拉列表框中可以选择计算范围。

例如，计算表格左侧数据，选择"LEFT"；计算右侧数据，选择"RIGHT"；计算上方数据，选择"ABOVE"；计算下方数据，选择"BELOW"。

图3-33

 [实操3-4] 计算金额数据
[实例资源] \第3章\例3-4

微课视频

通常，金额=数量×单价，用户可以使用PRODUCT函数计算乘积。下面介绍具体的操作方法。

步骤 01 打开"货物签收单.wps"素材文件，将光标插入单元格中❶，在"表格工具"选项卡中单击"公式"按钮❷，如图3-34所示。

步骤 02 打开"公式"对话框，删除"公式"文本框中默认显示的公式❶，然后单击"数字格式"下拉按钮❷，从下拉列表中选择合适的选项❸，如图3-35所示。

步骤 03 单击"粘贴函数"下拉按钮❶，从下拉列表中选择"PRODUCT"函数❷。单击"表格范围"下拉按钮❸，从下拉列表中选择"LEFT"❹，单击"确定"按钮❺，如图3-36所示。

产品名称	产品规格	数量	单价	金额
计算机	联想 AIO520	3	5000	❶
扫描仪	佳能 LIDE300	2	400	
饮水机	美菱 MY-529	2	600	
打印机	惠普 136w	3	850	
空调	康佳 KFR-35GW	1	1500	
投影仪	极米 NEWZ6X	2	3000	

图3-34

图3-35

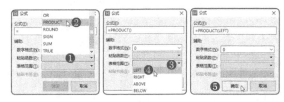

图3-36

产品名称	产品规格	数量	单价	金额
计算机	联想 AIO520	3	5000	15000
扫描仪	佳能 LIDE300	2	400	
饮水机	美菱 MY-529	2	600	
打印机	惠普 136w	3	850	
空调	康佳 KFR-35GW	1	1500	
投影仪	极米 NEW26X	2	3000	

图3-37

步骤 04 完成上述操作后，即可计算出"金额"，如图 3-37 所示。然后按【F4】键，将公式复制到其他单元格中，如图 3-38 所示。

产品名称	产品规格	数量	单价	金额
计算机	联想 AIO520	3	5000	15000
扫描仪	佳能 LIDE300	2	400	800
饮水机	美菱 MY-529	2	600	1200
打印机	惠普 136w	3	850	2550
空调	康佳 KFR-35GW	1	1500	1500
投影仪	极米 NEW26X	2	3000	6000

图3-38

新手提示

当表格数值发生变化，公式结果需要更新时，用户无须重新计算，只需全选表格，按【F9】键即可更新。

3.3.2 表格排序

用户可以对表格中的数字进行排序，也可以对文本进行排序，只需要通过"排序"对话框就可以实现，如图3-39所示。在"排序"对话框中，各选项的含义说明如下。

● **关键字：** 在"排序"对话框中，包含"主要关键字""次要关键字"和"第三关键字"等。在排序过程中，将按照"主要关键字"进行排序；当有相同记录时，按照"次要关键字"排序；若二者都是相同记录，则按照"第三关键字"排序。

图3-39

● **类型：** 在"类型"下拉列表框中可以选择"笔划""数字""日期"或"拼音"来设置按照哪种类型进行排序。

● **使用：** 在"使用"下拉列表框中选择"段落数"，可以将排序设置应用到每个段落上。

● **排序方式：** 在"排序"对话框中可以选择"升序"或"降序"排列。

● **列表：** 选中"有标题行"单选按钮，在关键字的列表中显示字段的名称；选中"无标题行"单选按钮，在关键字列表中以列1、列2、列3……表示字段列。

[实操3-5] 对"金额"进行排序

[实例资源] \第3章\例3-5

微课视频

如果用户想对"金额"进行升序排列，则可以按照以下方法操作。

步骤 01 打开"货物签收单.wps"素材文件，全选表格，在"表格工具"选项卡中单击"排序"按钮，如图3-40所示。

图3-40

步骤 02 打开"排序"对话框，在"列表"区域选中"有标题行"单选按钮❶，将"主要关键字"设置为"金额"❷，将"类型"设置为"数字"❸，并选中"升序"单选按钮❹，单击"确定"按钮，如图3-41所示。

步骤 03 完成上述操作后，即可将"金额"按照从小到大的顺序进行升序排列，如图3-42所示。

图3-41

产品名称	产品规格	数量	单价	金额
扫描仪	佳能 LIDE300	2	400	800
饮水机	美菱 MY-529	2	600	1200
空调	康佳 KFR-35GW	1	1500	1500
打印机	惠普 136w	3	850	2550
投影仪	极米 NEWZ6X	2	3000	6000
计算机	联想 AIO520	3	5000	15000

图3-42

应用秘技

如果用户想快速计算表格中的数据，则选择需要计算的数据，在"表格工具"选项卡中单击"快速计算"下拉按钮，从列表中选择需要的计算类型即可。

实战演练 制作个人简历

下面通过制作个人简历，来温习和巩固前面所学知识，具体操作步骤如下。

微课视频

步骤 01 新建一个空白文档，在"页面布局"选项卡中单击"页边距"下拉按钮，从列表中选择"自定义页边距"选项，如图3-43所示。

步骤 02 打开"页面设置"对话框，在"页边距"选项卡中将"上""下"页边距均设置为"1厘米"，将"左""右"页边距均设置为"1.5厘米"，如图3-44所示。

步骤 03 打开"插入"选项卡，单击"表格"下拉按钮，从列表中选择"插入表格"选项，如图3-45所示。

步骤 04 打开"插入表格"对话框，将"列数"设置为"3"❶，将"行数"设置为"17"❷，单击"确定"按钮，即可插入一个17行3列的表格，如图3-46所示。

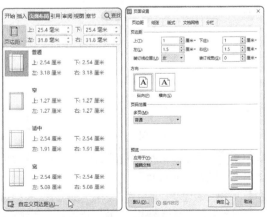

图3-43   图3-44

图3-45

图3-46

步骤 05 按照需要合并表格中的单元格，并输入相关文本，如图 3-47 所示。

图3-47

步骤 06 调整表格的行高和列宽，并设置文本的字体格式，如图 3-48 所示。

步骤 07 选择单元格，在"表格工具"选项卡中单击"对齐方式"下拉按钮，从列表中选择"中部两端对齐"选项，设置文本的对齐方式，如图 3-49 所示。

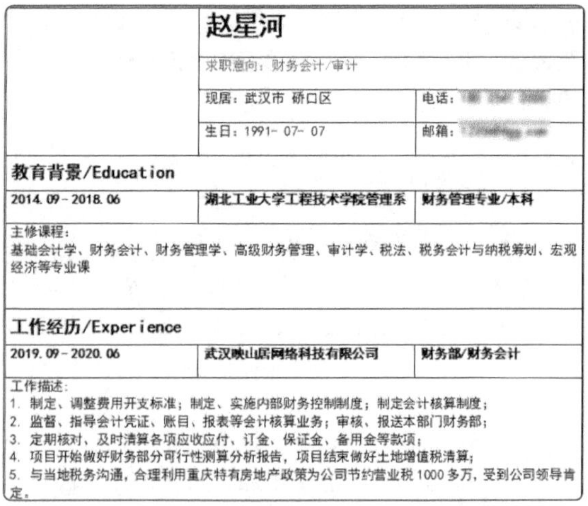

图3-48

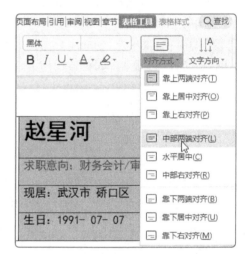

图3-49

步骤 08 按照上述方法设置其他文本的对齐方式，如图 3-50 所示。

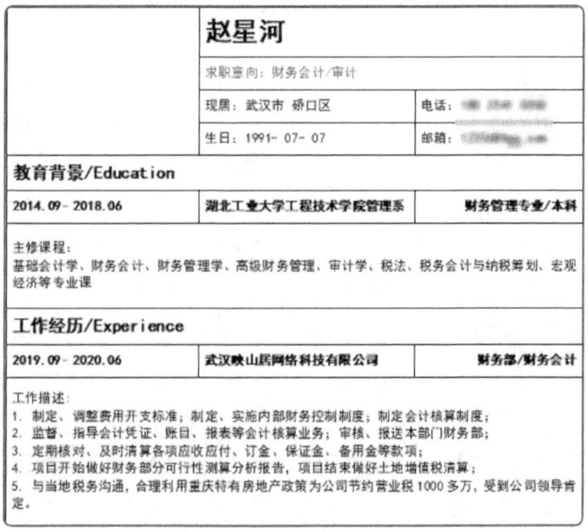

图3-50

步骤 09 选择表格,在"表格样式"选项卡中单击"边框"下拉按钮,从列表中选择"无框线"选项,如图 3-51 所示。

步骤 10 在"表格样式"选项卡中设置边框的"线型""线型粗细"和"边框颜色",此时,鼠标指针变为铅笔形状,在表格边框上拖动鼠标,如图 3-52 所示。

步骤 11 完成上述操作后,即可将设置的边框样式应用至表格框线上,如图 3-53 所示。

步骤 12 选择单元格,在"表格样式"选项卡中单击"底纹"下拉按钮,从列表中选择合适的颜色为表格设置底纹,如图 3-54 所示。

步骤 13 在单元格中插入一张照片,即可完成个人简历的制作,如图 3-55 所示。

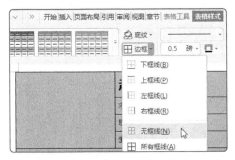

图3-51

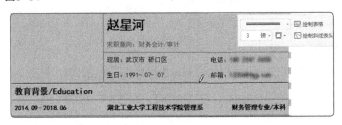

图3-52

图3-53

图3-54

图3-55

疑难解答

Q:如何在文档中插入图表?

A:打开"插入"选项卡,单击"图表"下拉按钮,从列表中选择"图表"选项,打开"插入图表"对话框,从中选择合适的图表类型,单击"插入"按钮,即可在文档中插入一个图表,如图3-56所示。选择图表,单击鼠标右键,从弹出的快捷菜单中选择"编辑数据"命令,如图3-57所示,在弹出的表格中输入系列数据即可。

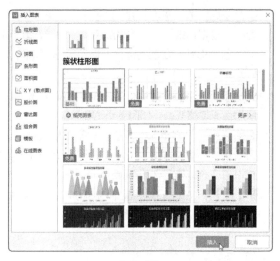

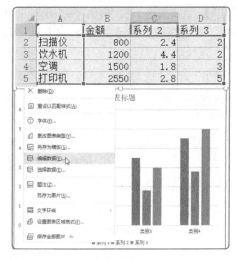

图3-56   图3-57

Q：如何清除表格样式？

A：选择表格，在"表格样式"选项卡中单击"清除表格样式"按钮即可，如图3-58所示。

图3-58

Q：如何绘制斜线表头？

A：将光标插入单元格中，如图3-59所示。在"表格样式"选项卡中单击"绘制斜线表头"按钮，打开"斜线单元格类型"对话框，从中选择斜线类型，单击"确定"按钮，即可插入斜线表头，如图3-60所示。

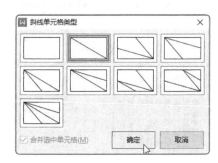

图3-59   图3-60

第4章

高效编排长文档

　　使用 WPS 文字不仅可以制作简单的文档，还可以高效率地完成长文档的排版与编辑，如应用样式、设置页眉与页脚、审阅与修订文档等。本章将对长文档的编排进行详细介绍。

4.1 使用样式

样式是字符格式和段落格式的集合。在文档中使用样式，可以避免对内容进行重复的格式化操作。下面进行详细介绍。

4.1.1 新建样式

WPS文字预设了多种样式，包括正文、标题1、标题2、标题3、标题4等，用户可以直接为文本套用内置的样式，或者新建样式，如图4-1所示。

图4-1

 [实操4-1] 新建一级标题样式
[实例资源] \第4章\例4-1

如果内置的标题样式不符合要求，则用户可以自己新建标题样式。下面介绍具体的操作方法。

步骤 01 打开"论文"素材文件，在"开始"选项卡中单击"其他"下拉按钮❶，从列表中选择"新建样式"选项❷，如图4-2所示。

图4-2

图4-3

步骤 02 打开"新建样式"对话框，将"名称"设置为"一级标题样式"❶，单击"格式"按钮❷，从列表中选择"字体"选项❸，如图4-3所示。

步骤 03 打开"字体"对话框，将"中文字体"设置为"黑体"❶，将"字号"设置为"小二"❷，单击"确定"按钮，如图4-4所示。

步骤 04 返回"新建样式"对话框，再次单击"格式"按钮，选择"段落"选项。打开"段落"对话框，将"对齐方式"设置为"居中对齐"❶，将"大纲级别"设置为"1级"❷，将"段前"和"段后"间距设置为"12磅"❸，将"行距"设置为"固定值32磅"❹，单击"确定"按钮即可，如图4-5所示。

图4-4

图4-5

4.1.2 | 应用样式

新建样式后，在"预设样式"面板中会显示新建样式的名称，用户只需选择标题文本，在"预设样式"区域单击新建的标题样式，如图4-6所示，即可将样式应用至标题文本上，如图4-7所示。

图4-6

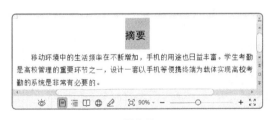

图4-7

4.1.3 | 修改样式

为标题应用样式后，用户可以统一修改相同应用的标题样式。在样式上单击鼠标右键，从弹出的快捷菜单中选择"修改样式"命令，如图4-8所示。在打开的"修改样式"对话框中对样式的字体格式、段落格式等进行修改即可，如图4-9所示。

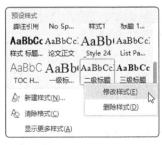

图4-8

图4-9

应用秘技

如果用户想要清除为文本设置的样式，则选择文本后，在列表中选择"清除格式"选项即可。

4.2 设置页眉与页脚

对于长文档来说，为了方便读者浏览内容，需要为文档设置页眉和页脚。下面进行详细介绍。

4.2.1 在页眉中插入 Logo

页眉是文档中每个页面的顶部区域，常用于显示文档的附加信息，如文档标题、文件名、公司Logo等。

[实操4-2] 在"论文.wps"封面页眉中插入Logo
[实例资源] \第4章\例4-2

通常会在论文封面页眉中插入学校Logo。下面介绍具体的操作方法。

步骤 01 打开"论文.wps"素材文件，在"插入"选项卡中单击"页眉页脚"按钮，如图4-10所示。

图4-10

步骤 02 进入页眉页脚编辑状态，将光标插入页眉中，在"页眉页脚"选项卡中单击"页眉页脚选项"按钮，如图4-11所示。

图4-11

步骤 03 打开"页眉/页脚设置"对话框，勾选"首页不同"复选框，单击"确定"按钮，如图4-12所示。

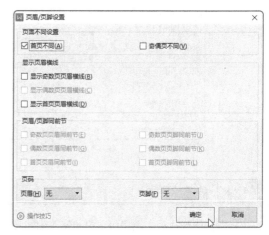

图4-12

步骤 04 将光标插入封面页眉中，在"页眉页脚"选项卡中单击"图片"按钮，如图4-13所示。

图4-13

步骤 05 打开"插入图片"对话框，从中选择 Logo 图片，单击"打开"按钮，如图 4-14 所示。

步骤 06 即可将 Logo 图片插入页眉中，然后调整

图片的大小，最后在"页眉页脚"选项卡中单击"关闭"按钮，退出编辑状态即可，如图 4-15 所示。

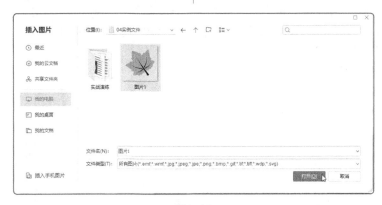

图4-14

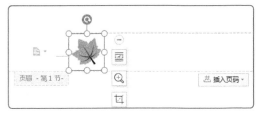 

图4-15

4.2.2 设置页眉奇偶页不同

在文档中默认添加的页眉页脚都是统一的格式，如果想要奇数页和偶数页的页眉页脚显示不同，则可以设置奇偶页不同。

[实操4-3] 为"论文.wps"设置奇偶页不同
[实例资源] \第4章\例4-3

如果用户想要"论文"奇数页页眉显示章标题，偶数页页眉显示论文名称，则可以按照以下方法操作。

步骤 01 打开"论文.wps"素材文件，在页面顶部双击，进入页眉编辑状态，如图 4-16 所示。

图4-16

步骤 02 在"页眉页脚"选项卡中单击"页眉页脚选项"按钮，打开"页眉/页脚设置"对话框，勾选"奇

偶页不同"复选框，单击"确定"按钮，如图 4-17 所示。

图4-17

步骤 03 将光标插入奇数页页眉中，在"页眉页脚"选项卡中单击"同前节"按钮，取消其选中状态，如图 4-18 所示。

步骤 04 在"页眉页脚"选项卡中单击"域"按钮，打开"域"对话框，在"域名"列表框中选择"样式引用"选项❶，在右侧单击"样式名"下拉按钮❷，从列表中选择"标题 1"❸，单击"确定"按钮，如

图 4-19 所示。

步骤 05 将光标插入偶数页页眉中，输入论文名称"学生考勤系统开发与应用"，如图 4-20 所示。

步骤 06 设置页眉的字体格式和段落格式后，在"页眉页脚"选项卡中单击"关闭"按钮即可，页眉效果如图 4-21 所示。

图4-18

图4-19

图4-20

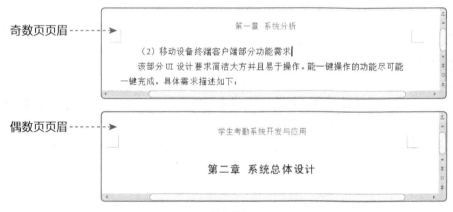

奇数页页眉

偶数页页眉

图4-21

4.2.3 从指定位置开始插入页码

通常页码插入页面底端，即页脚位置。用户通过"页码"命令可以在文档中插入页码，如图4-22所示。

图4-22

[实操4-4] 从"引言"开始插入页码

[实例资源] \第4章\例4-4

通常论文的封面页和摘要页等不需要添加页码。下面介绍如何从"引言"位置插入页码。

步骤01 打开"论文.wps"素材文件,在"引言"页面底端双击,进入页脚编辑状态,如图4-23所示。

图4-23

步骤02 在"页眉页脚"选项卡中单击"页码"下拉按钮❶,从列表中选择"页码"选项❷,如图4-24所示。

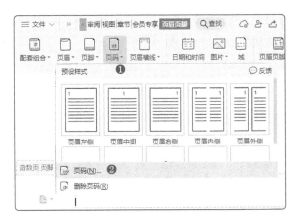

图4-24

步骤03 打开"页码"对话框,设置页码的"样式"和"位置",选中"起始页码"单选按钮,并将"应用范围"设置为"本页及之后",单击"确定"按钮,如图4-25所示。

图4-25

步骤04 在"页眉页脚"选项卡中单击"关闭"按钮,即可从"引言"位置开始插入页码。页码效果如图4-26所示。

图4-26

应用秘技

如果用户想要删除页码,则在页码上方单击"删除页码"按钮,从列表中选择合适的选项即可,如图4-27所示。

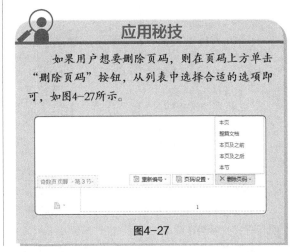

图4-27

4.3 设置分页与分节

在编辑文档时,系统会将文档自动分页,用户也可以按照需要对文档分节。下面进行详细介绍。

4.3.1 设置分页

分页功能是人工强制分页,即在需要分页的位置插入一个分页符,将一页中的内容分布在两页中。为文档分页的好处是，在分页符之前，无论是增加还是删除文本，都不会影响分页符之后的内容。如果想在文档中手动插入分页符来实现分页效果，则可以使用"分页"命令。

将光标插入需要分页的位置，如图4-28所示。在"插入"选项卡中单击"分页"下拉按钮，从列表中选择"分页符"选项，如图4-29所示，即可在光标处为文档分页，如图4-30所示。

图4-28　　　　　　　图4-29　　　　　　　图4-30

应用秘技

用户将光标插入需要分页的位置，在"页面布局"选项卡中单击"分隔符"下拉按钮，从列表中选择"分页符"选项，或按【Ctrl+Enter】组合键，也可以为文档分页。

4.3.2 设置分节

用户可以通过文档分节，将同一文档设置为不同的页面格式。将光标插入需要分节的位置，在"分页"列表中选择"下一页分节符"选项，如图4-31所示，即可在光标处对文档进行分节，如图4-32所示。

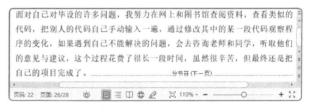

图4-31　　　　　　　　　　　　　图4-32

"分页"列表中还包括分栏符、换行符、连续分节符、偶数页分节符和奇数页分节符等。

分栏符： 文档中的文字会以光标为界，光标之后的文档将从下一栏开始显示。

换行符： 可以使文档中的文字以光标为基准进行分行。同时，该选项也可以分隔网页中对象周围的文字，如分隔题注文字与正文。

连续分节符： 表示分节符之后的文本与前一节文本处于同一页中，适用于前后文联系比较大的文本。

偶数页分节符： 表示分节符之后的文本在下一偶数页上显示。

奇数页分节符： 表示分节符之后的文本在下一奇数页上显示。

4.3.3 插入文档封面

WPS文字预设了几种常用的封面样式，通过"封面页"命令，用户可以在文档中插入封面页。在"插入"选项卡中单击"封面页"下拉按钮，从列表中选择需要的封面样式，如图4-33所示，即可快速插入封面，如图4-34所示。

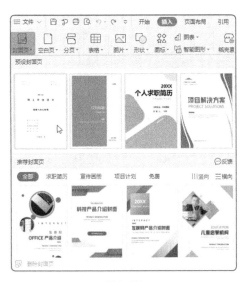

图4-33

分类号　　　　　　　　　　　　　　密 级

U D C　　　　　　　　　　　　　　编 号 XXX

替换 LOGO

硕　士　学　位　论　文

请输入论文标题

研 究 生 姓 名:

学　　　　　号:

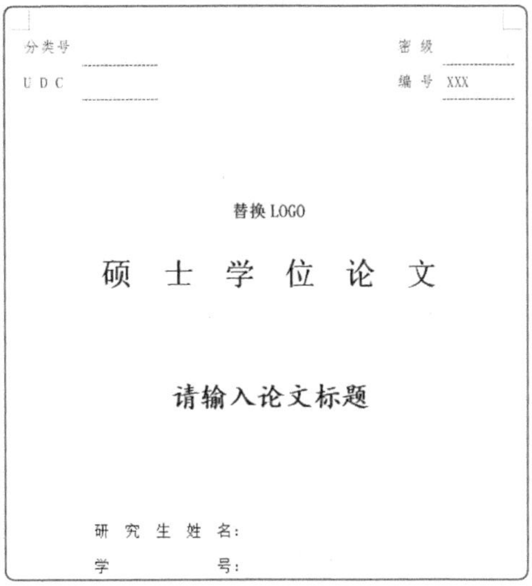

图4-34

4.4 引用文档内容

为了快速查找长文档中的内容，需要对其进行引用，如插入题注、插入脚注和尾注、交叉引用文档、自动提取目录等。下面进行详细介绍。

4.4.1 插入题注

题注是给文章的图片、表格、图表、公式等项目添加自动编号和名称，在“题注”对话框中就可以实现，如图4-35所示。

题注：可以预览设置的效果。

标签：根据插入的项目选择对应的标签，如“表”“图表”“公式”等。如果没有需要的标签，则单击“新建标签”按钮，输入对应的标签即可。

位置：有“所选项目下方”和“所选项目上方”两种。一般图片题注放在图片下方，表格题注放在表格上方。

编号：设置带章节号的题注。

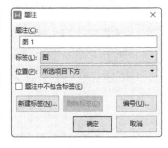

图4-35

应用秘技

自动编号是指无论项目数量是否增删、位置是否移动，编号都会按照顺序自动更新。

[实操4-5] 为图片添加题注

[实例资源] \第4章\例4-5

微课视频

为图片添加题注后，删除某个图片时，系统会自动重新编号。下面介绍具体的操作方法。

步骤 01 打开“论文.wps”素材文件，选择图片，在“引用”选项卡中单击“题注”按钮，如图4-36所示。

步骤 02 打开“题注”对话框，设置“标签”和“位置”，在“图 1”文本后面输入相关内容，单击“确定”按钮，如图4-37所示。

步骤 03 完成上述操作后，即可在图片下方添加题注，如图4-38所示。

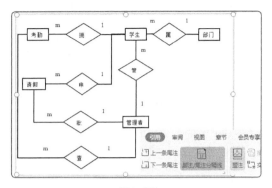

图4-36

图4-37

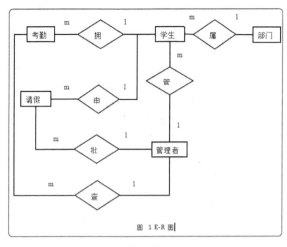

图4-38

当文章中的图片、表格有增删或者位置发生变化时，需要按【Ctrl+A】组合键全选内容，然后按【F9】键，编号才能自动更新。

4.4.2 插入脚注和尾注

通常情况下，脚注位于页面的底端，标明资料来源或者对文章内容进行补充注释；尾注一般位于文档的末尾，列出引文的出处。选择需要插入脚注的内容，在"引用"选项卡中单击"插入脚注"按钮，如图4-39所示。此时光标自动跳转至页面底端，直接输入脚注内容即可，如图4-40所示。

图4-39

图4-40

"插入尾注"命令在"插入脚注"命令旁边。尾注和脚注除了位置不同，其他设置基本相同。

应用秘技

如果用户想删除文档中的脚注，则可以选择脚注的上标数字，然后按【Delete】键即可，如图4-41所示。删除尾注的方法和删除脚注相同。

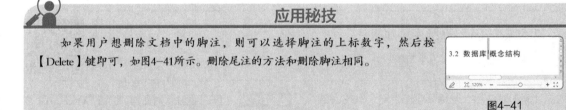

图4-41

4.4.3 交叉引用文档

通过交叉引用可以引用文档中的标题、图表等。无论将"交叉引用"插入文档的哪个位置，只要按住

【Ctrl】键，单击交叉引用的内容，就都可瞬间跳转到引用对象所在位置。

 [实操4-6] 交叉引用题注
[实例资源] \第4章\例4-6

交叉引用题注可以使交叉引用的编号随题注编号自动更新。下面介绍具体的操作方法。

步骤 01 打开"论文 .wps"素材文件，将光标插入需要交叉引用的位置，即"如"和"所示"之间，如图 4-42 所示。在"引用"选项卡中单击"交叉引用"按钮，如图 4-43 所示。

图4-44

图4-42

图4-43

步骤 02 打开"交叉引用"对话框，将"引用类型"设置为"图"❶，将"引用内容"设置为"只有标签和编号"❷，单击"插入"按钮，如图 4-44 所示。

步骤 03 完成上述操作后，即可交叉引用题注编号，如图 4-45 所示。

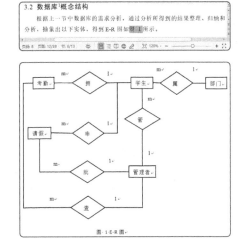

图4-45

4.4.4 自动提取目录

对于长文档来说，为了方便查看相关内容，需要为文档制作目录。用户通过"目录"命令可以自动提取目录。在"引用"选项卡中单击"目录"下拉按钮，从列表中选择合适的目录样式即可，如图4-46所示。

图4-46

在引用目录之前，用户必须对标题设置样式或大纲级别，否则无法自动提取目录。

4.5 审阅与修订文档

通常为了确保长文档的准确性，需要对其进行审阅修订或者校对。下面进行详细介绍。

4.5.1 批注文档

批注是用户对文档的部分内容所做的注释，是附加到文档中的内容，显示在文档的右边距中。如果需要为内容添加批注，则在"审阅"选项卡中单击"插入批注"按钮❶，在批注框中输入相关内容即可❷，如图4-47所示。

图4-47

如果用户想要删除批注，则可以在"删除"列表中选择一条条删除或删除所有批注。单击"上一条"或"下一条"按钮，可以逐条查看批注信息，如图4-48所示。

在批注框的右侧单击下拉按钮，可以对批注进行答复。如果批注中提出的建议已经解决，则选择"解决"选项，批注框上会显示"已解决"字样。选择"删除"选项，可以将这条批注删除，如图4-49所示。

图4-48

图4-49

4.5.2 修订文档

在"修订"状态下，用户可以直接修改内容，并且会保留修改的痕迹。在"审阅"选项卡中单击"修订"按钮，使其呈现选中状态，用户对文档内容进行修改、删除、添加后，会显示修改痕迹，如图4-50所示。其中，文本左侧的竖线表示这个区域有修改；添加的内容会改色并添加下划线；删除的内容会改色并添加删除线；修改的内容会显示先删除后添加的格式标记。

修订文本后，文档是以嵌入的方式显示所有修订，如果想更改修订标记的显示方式，则可以单击"显示标记"下拉按钮❶，从列表中选择"使用批注框"选项❷，在级联菜单中根据需要选择显示方式和信息，如图4-51所示。

若接受修订，则单击"接受"下拉按钮，从列表中根据需要进行选择；若拒绝修订，则单击"拒绝"下拉按钮，进行相关选择即可，如图4-52所示。

图4-50

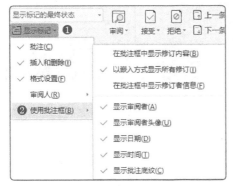

图4-51   图4-52

4.5.3 | 校对文档

校对文档包括对文档进行拼写检查、字数统计、翻译等，用户在"审阅"选项卡中可以实现这些操作，如图4-53所示。

图4-53

[实操4-7] 校对论文

[实例资源] \第4章\例4-7

如果用户想对文档内容进行专业校对，精准解决错词、遗漏等，则可以按照以下方法操作。

步骤 01 打开"论文 .wps"素材文件，在"审阅"选项卡中单击"文档校对"按钮，如图 4-54所示。

步骤 02 弹出"WPS文档校对"窗格，从中单击"开始校对"按钮，如图 4-55 所示。

图4-54

图4-55

步骤 03   在弹出的界面中添加当前文件所属领域的关键词，单击"下一步"按钮，即可开始校对文档，如图 4-56 所示。

步骤 04   校对完成后，显示发现错词和错误类型，用户可以根据需要选择"马上修正文档"或"输出错误报告"，如图 4-57 所示。

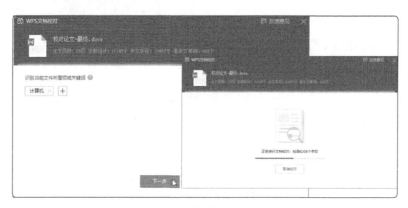

图4-56

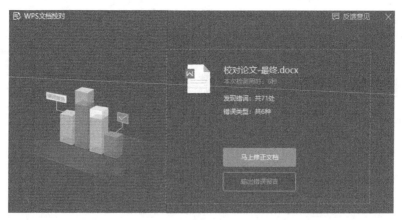

图4-57

实战演练　批量生成邀请函

微课视频

下面通过批量生成邀请函，来温习和巩固前面所学知识，具体操作步骤如下。

步骤 01   将邀请人的名单输入 WPS 表格中，如图 4-58 所示，然后关闭表格。

步骤 02   打开"邀请函 .wps"文档，在"引用"选项卡中单击"邮件"按钮，如图 4-59 所示。

步骤 03   弹出"邮件合并"选项卡，单击"打开数据源"下拉按钮❶，从列表中选择"打开数据源"选项❷，如图 4-60 所示。

步骤 04   打开"选取数据源"对话框，从中选择"名单"表格，如图 4-61 所示，单击"打开"按钮。

步骤 05   将光标插入"尊敬的"文本后面，在"邮件合并"选项卡中单击"插入合并域"按钮，如图 4-62 所示。

步骤 06   打开"插入域"对话框，在"域"列表框中选择"姓名"选项，单击"插入"按钮，如图 4-63 所示。

图4-58

图4-59

图4-60

图4-61

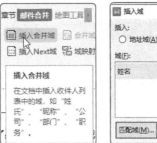
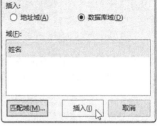

图4-62　　　　　　　　图4-63

步骤 07　选择插入的"姓名"域，在"开始"选项卡中将"字体"设置为"宋体（标题）"，将"字号"设置为"三号"，加粗显示，如图 4-64 所示。

图4-64

步骤 08　在"邮件合并"选项卡中单击"合并到新文档"按钮，打开"合并到新文档"对话框，选中"全部"单选按钮，单击"确定"按钮，如图 4-65 所示。

图4-65

步骤 09　完成上述操作后，即可批量生成邀请函，如图 4-66 所示。

图4-66

疑难解答

Q: 如何删除脚注/尾注横线？

A: 打开"引用"选项卡，单击"脚注/尾注分隔线"按钮，如图4-67所示。取消其选中状态，即可删除脚注/尾注横线，如图4-68所示。

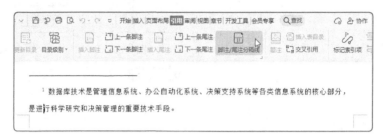

图4-67

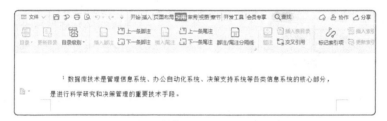

图4-68

Q: 如何更改批注颜色？

A: 单击"文件"按钮，从列表中选择"选项"选项，如图4-69所示。打开"选项"对话框，选择"修订"选项，在右侧单击"批注颜色"下拉按钮，从列表中选择合适的颜色即可，如图4-70所示。

图4-69

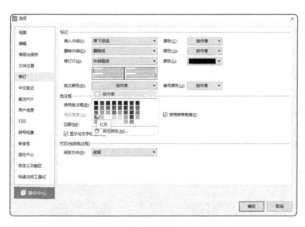

图4-70

第5章

创建并管理电子报表

　　无论是在工作还是生活中，都经常会用到电子表格，使用 WPS 表格可以轻松制作各种类型的报表，还可以美化、规范报表中的数据。本章将对工作簿 / 工作表的操作、数据的录入、数据表的美化等进行详细介绍。

5.1 操作工作簿

工作簿是用来存储并处理工作数据的文件，它包含一个或多个工作表。创建工作簿后，用户可以对其进行查看、保护、打印等。下面进行详细介绍。

5.1.1 查看工作簿

当需要对多个工作簿中的内容进行比较查看时，可以通过"并排比较"命令来实现，如图5-1所示。

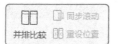

图5-1

 [实操5-1] 并排查看会员信息登记表
[实例资源] \第5章\例5-1

如果需要水平并排查看两个工作簿，则可以按照以下方法操作。

步骤 01 打开两个工作簿，在"视图"选项卡中单击"并排比较"按钮，如图5-2所示。

图5-2

步骤 02 完成上述操作后，这两个工作簿即实现垂直并排显示。单击"重排窗口"下拉按钮，从列表中选择"水平平铺"选项，如图5-3所示。

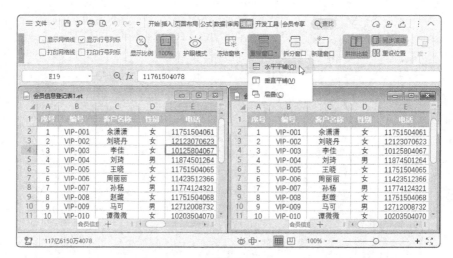

图5-3

步骤 03 完成上述操作后，即可将垂直并排显示的工作簿变成水平并排显示，如图5-4所示。此时，用户滚动鼠标滚轮，可以同时比较查看两个工作簿中的内容。

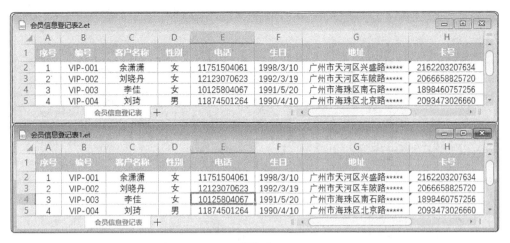

图5-4

5.1.2 保护工作簿

当工作簿中的内容涉及一些保密信息时，为了防止信息泄露，可以为工作簿设置密码保护。单击"文件"按钮❶，选择"文档加密"选项❷，然后选择"密码加密"选项❸，如图5-5所示。在打开的"密码加密"窗格中，可以为工作簿设置"打开文件密码"和"修改文件密码"，如图5-6所示。具体的操作方法和前面WPS文字中提到的相似，这里不再赘述。

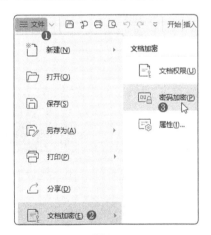

图5-5

图5-6

[实操5-2] 保护工作簿结构

[实例资源] \第5章\例5-2

此外，用户还可以设置密码对工作簿的结构进行保护，禁止他人随意复制、移动、删除工作簿中的工作表。

步骤 01 打开"会员信息登记表 .et"素材文件，在"审阅"选项卡中单击"保护工作簿"按钮❶，打开"保护工作簿"对话框，在"密码"文本框中输入密码"123"❷，单击"确定"按钮，弹出"确认密码"对话框，重新输入密码❸，单击"确定"按钮，如图5-7

所示。

步骤 02 此时，在工作表名称上单击鼠标右键，在弹出的快捷菜单中可以看到"插入工作表""删除工作表""复制工作表"等命令呈现灰色不可用状态，如图 5-8 所示。

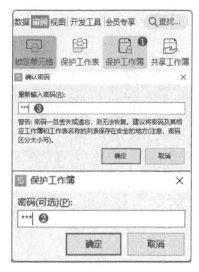

图5-7

图5-8

5.1.3 打印工作簿

在工作中，通常需要将电子表格输出为纸质形式，此时会用到"打印"功能。在打印之前，用户可以在"打印预览"界面中进行相关设置，如图5-9所示。

图5-9

[实操5-3] 将"会员信息登记表"打印在一页

[实例资源] \第5章\例5-3

微课视频

当工作表中的数据过多时，数据会被打印在多页，如果想将工作表打印在一页纸上，则可以按照以下方法操作。

步骤 01 打开"会员信息登记表.et"素材文件，在"页面布局"选项卡中单击"打印预览"按钮，进入"打印预览"界面，如图5-10所示。

步骤 02 在"打印预览"界面中选择"打印机"类型❶，将纸张方向设置为"横向"❷，将"打印缩放"设置为"将整个工作表打印在一页"❸，单击"直接

打印"按钮❹，如图5-11所示。

步骤 03 如果用户想打印页眉或页脚，则单击"页眉页脚"按钮。打开"页面设置"对话框，在"页眉/页脚"选项卡中单击"自定义页眉"按钮，如图5-12所示。

图5-10

图5-11

步骤 04 打开"页眉"对话框，在"中"文本框中输入文本"会员信息登记表"❶，在其上方单击"字体"按钮❷，打开"字体"对话框，将"字体"设置为"黑体"，将"字形"设置为"加粗"，将"大小"设置为"28"❸，单击"确定"按钮❹，如图5-13所示。

图5-12

图5-13

步骤 05 完成上述操作后，在打印页面上方会显示页眉信息"会员信息登记表"，如图5-14所示。

会员信息登记表

序号	编号	客户名称	性别	电话	生日	地址	卡号	客户等级	发卡时间	到期时间	是否储值
1	VIP-001	余漾漾	女	11751504061	1998/3/10	广州市天河区兴盛路****	2162203207634	★★★	2020/3/25	2021/3/25	是
2	VIP-002	刘晓丹	女	12123070623	1992/3/19	广州市天河区车陂路****	2066658825720	★★	2020/3/25	2021/3/25	是
3	VIP-003	李佳	女	10125804067	1991/5/20	广州市海珠区南石路****	1898460757256	★	2020/1/26	2021/2/26	否
4	VIP-004	刘琦	男	11874501264	1990/4/10	广州市海珠区北京路****	2093473026660	★★	2020/1/26	2021/2/26	是
5	VIP-005	王婑	女	11751504065	1989/3/22	广州市海珠区晓澜路****	1301227340636	★★	2020/1/26	2021/2/26	否
6	VIP-006	周原丽	女	11423512366	1993/6/18	广州市花都区团结路****	1616554611960	★★★	2020/3/26	2021/3/26	是
7	VIP-007	孙杨	男	11774124321	1992/1/24	广州市花都区江北路****	1351107433195	★	2020/4/20	2021/6/20	是
8	VIP-008	赵璇	女	11751504068	1994/7/13	广州市南沙区合兴路****	1235261057982	★	2020/4/20	2021/5/20	否
9	VIP-009	马可	男	12712008732	1996/2/15	广州市南沙区祥兴路****	1253087209268	★★	2020/4/20	2021/5/20	是
10	VIP-010	谭薇薇	女	10203504070	1988/6/27	广州市南沙区东吉路****	1428528434466	★★★	2020/4/20	2021/5/20	否
11	VIP-011	吴乐	男	11108787361	1991/7/14	广州市荔湾区内环路****	1532568422183	★★	2020/4/20	2021/5/20	是
12	VIP-012	王雨薇	女	11974204072	1993/6/29	广州市荔湾区东联村****	1605455680540	★★	2020/5/10	2021/8/10	是
13	VIP-013	刘文恩	男	11025507453	1990/9/25	广州市荔湾区南岸社区****	1682659197113	★	2020/5/10	2021/8/10	是
14	VIP-014	陈天一	男	10874521454	1991/8/15	广州市荔湾区东秀社区****	1473319480760	★★★	2020/5/10	2021/7/10	是
15	VIP-015	徐鲆	男	11235804075	1988/4/1	广州市荔湾区西围存****	1223634903258	★★★	2020/5/10	2021/9/10	否
16	VIP-016	钱勇	男	12148504076	1989/6/2	广州市越秀区田心村****	2160437335187	★★	2020/5/10	2021/7/10	是
17	VIP-017	孙恩	男	11751507854	1992/10/5	广州市越秀区瑞台社区****	1360054676810	★	2020/6/9	2021/8/9	是
18	VIP-018	李美	女	11761504078	1996/4/4	广州市越秀区云新社区****	1341696721624	★★★	2020/6/9	2021/8/9	否
19	VIP-019	郑刚	男	12773214079	1995/11/12	广州市白云区宜利苑****	1655284166413	★★	2020/6/9	2021/7/9	否
20	VIP-020	刘威	男	10751507436	1990/5/6	广州市白云区米兰花****	1403333726815	★★	2020/6/9	2021/6/9	是

图5-14

5.2 操作工作表

工作表是管理和编辑数据的重要场所，也是工作簿的必要组成部分。用户可对工作表进行插入或删除、移动与复制、冻结、拆分、保护等。下面进行详细介绍。

5.2.1 插入或删除工作表

在默认情况下，工作簿中只有一个工作表，用户可以根据需要插入或删除工作表。

1. 插入工作表

方法一：单击"新建工作表"按钮，即可插入一个新工作表，如图5-15所示。

方法二：在工作表名称上单击鼠标右键，从弹出的快捷菜单中选择"插入工作表"命令❶，在打开的"插入工作表"对话框中进行设置即可❷，如图5-16所示。

图5-15

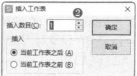

图5-16

应用秘技

在"开始"选项卡中单击"工作表"下拉按钮，从列表中选择"插入工作表"选项，也可以插入一个新工作表。

2. 删除工作表

删除工作表的方法非常简单，只需要选中要删除的工作表，单击鼠标右键，从弹出的快捷菜单中选择"删除工作表"命令即可，如图5-17所示。

图5-17

5.2.2 移动与复制工作表

用户可以在当前工作簿中移动和复制工作表，也可以将工作表移动和复制到新工作簿中。

1. 移动工作表

选择需要移动的工作表，按住鼠标左键不放，将其拖至合适位置，可以快速移动工作表，如图5-18所示。

图5-18

2. 复制工作表

选择需要复制的工作表，单击鼠标右键，从弹出的快捷菜单中选择"复制工作表"命令即可，如图5-19

所示。

或者选择工作表后，在按住【Ctrl】键不放的同时，拖动鼠标至合适位置，即可快速复制工作表，如图5-20所示。

图5-19

图5-20

[实操5-4] 将"会员信息登记表.et"移动到新工作簿中
[实例资源] \第5章\例5-4

微课视频

如果用户想将当前工作簿中的工作表移动到新工作簿中，则可以按照以下方法操作。

步骤 01 打开"会员信息登记表 .et"素材文件，选择工作表，单击鼠标右键，从弹出的快捷菜单中选择"移动工作表"命令，如图 5-21 所示。

步骤 02 打开"移动或复制工作表"对话框，单击"工作簿"下拉按钮，选择"（新工作簿）"选项，单击"确定"按钮，即可将"会员信息登记表"工作表移动到新的工作簿，即"工作簿 1"中，如图 5-22 所示。

图5-21

图5-22

应用秘技

如果在"移动或复制工作表"对话框中勾选"建立副本"复选框，则会将工作表复制到新工作簿中。

5.2.3 冻结工作表

当工作表中的数据过多时，为了方便读者查看数据，可以将工作表的窗格冻结，通过"冻结窗格"命令即可实现，如图5-23所示。选择"冻结首行"选项，向下查看数据时，第1行固定不变，一直显示；选择"冻结首列"选项，向右查看数据时，A列固定不变，一直显示。

图5-23

[实操5-5] 冻结第1行和A列

[实例资源] \第5章\例5-5

如果用户想让首行和首列固定不变，则可以按照以下方法操作。

步骤01 打开"会员信息登记表.et"素材文件，选择B2单元格❶，在"视图"选项卡中单击"冻结窗格"下拉按钮❷，从列表中选择"冻结至第1行A列"选项❸，如图5-24所示。

步骤02 查看数据时，表格的第1行和A列固定不变，如图5-25所示。

图5-24

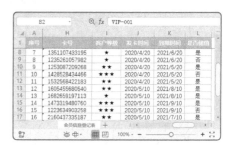

图5-25

新手提示

需要冻结窗格的工作表不能有表头，否则冻结首行时，冻结的是工作表的表头，而不是列标题。

5.2.4 拆分工作表

拆分工作表是将现有窗格拆分为多个大小可调的窗格，以便用户可以同时查看工作表分隔较远的部分。选择单元格，在"视图"选项卡中单击"拆分窗口"按钮，可从所选单元格的左上方开始拆分，将当前工作表窗格拆分成4个大小可调的窗格，如图5-26所示。如果需要取消拆分窗格，则在"视图"选项卡中单击"取消拆分"按钮即可。

图5-26

5.2.5 保护工作表

为了防止他人随意更改工作表中的数据，用户可以对工作表进行保护，通过"保护工作表"命令就可以实现。

[实操5-6] 保护"会员信息登记表.et"
[实例资源] \第5章\例5-6

如果用户希望他人只能查看工作表中的数据，不能修改数据，则可以按照以下方法操作。

步骤 01 打开"会员信息登记表.et"素材文件，在"审阅"选项卡中单击"保护工作表"按钮，如图5-27所示。

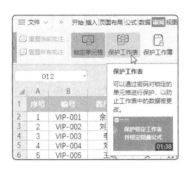

图5-27

步骤 02 打开"保护工作表"对话框，在"密码"文本框中输入密码"123"❶，在"允许此工作表的所有用户进行"列表框中取消勾选所有复选框❷，单击"确定"按钮，如图5-28所示。

图5-28

步骤 03 弹出"确认密码"对话框，重新输入密码，单击"确定"按钮，如图5-29所示。

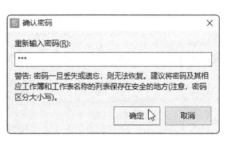

图5-29

步骤 04 此时，用户只能查看工作表中的数据，不能修改数据。如果修改数据，则弹出一个提示对话框，提示若要进行更改，请撤销工作表保护，如图5-30所示。

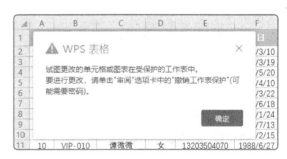

图5-30

5.3 数据的录入

创建工作表的目的是存储数据。输入数据看似很简单，其实有很多技巧。下面进行详细介绍。

5.3.1 录入相同数据

当需要在表格中输入相同数据时，为了节省时间，可以用便捷的方法输入。

使用鼠标填充： 选择单元格后，将鼠标指针移至单元格右下角，当鼠标指针变成十字形状时，向下拖动鼠标，可快速填充相同数据，如图5-31所示。如果单元格中的文本是数字，则向下填充数据后，单击弹出的"自动填充选项"按钮，选中"复制单元格"单选按钮即可，如图5-32所示。

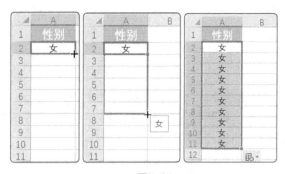

图5-31　　　　　　　　　　　　图5-32

使用快捷键填充： 选择包含文本的单元格区域，按【Ctrl+D】组合键，可填充相同数据，如图5-33所示。

图5-33

 应用秘技

也可以使用复制粘贴功能输入相同数据。选择单元格，按【Ctrl+C】组合键复制，然后按【Ctrl+V】组合键粘贴即可。

 [实操5-7] 一次性输入"性别"
[实例资源] \第5章\例5-7

微课视频

当需要在不连续的单元格中一次性输入性别时，可以按照以下方法操作。

步骤 01 打开"会员信息登记表.et"素材文件，选择D列，在"开始"选项卡中单击"查找"下拉按钮，从列表中选择"定位"选项，如图5-34所示。

图5-34

步骤 02 打开"定位"对话框，选中"空值"单选按钮❶，单击"定位"按钮❷，如图5-35所示。

图5-35

步骤 03 完成上述操作后，可将D列中的空单元格选中，然后在"编辑栏"中输入"男"，如图5-36所示。

步骤 04 按【Ctrl+Enter】组合键，可在空单元格中输入相同内容"男"，如图5-37所示。

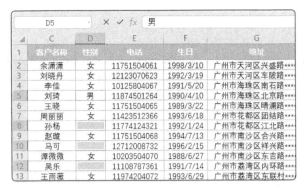

	C	D	E	F	G
1	客户名称	性别	电话	生日	地址
2	余潇潇	女	11751504061	1998/3/10	广州市天河区兴盛路***
3	刘晓丹	女	12123070623	1992/3/19	广州市天河区车陂路***
4	李佳	女	10125804067	1991/5/20	广州市海珠区南石路***
5	刘琦	男	11874501264	1990/4/10	广州市海珠区北京路***
6	王晓	女	11751504065	1989/3/22	广州市海珠区晴澜路***
7	周丽丽	女	11423512366	1993/6/18	广州市花都区团结路***
8	孙杨		11774124321	1992/1/24	广州市花都区江北路***
9	赵璇	女	11751504068	1994/7/13	广州市南沙区合兴路***
10	马可		12712008732	1996/2/15	广州市南沙区祥兴路***
11	谭微微	女	10203504070	1988/6/27	广州市南沙区东吉路***
12	吴乐		11108787361	1991/7/14	广州市荔湾区内环路***
13	王雨薇	女	11974204072	1993/6/29	广州市荔湾区东联村***

图5-36

	D	E	F
1	性别	电话	生日
2	女	11751504061	1998/3/10
3	女	12123070623	1992/3/19
4	女	10125804067	1991/5/20
5	男	11874501264	1990/4/10
6	女	11751504065	1989/3/22
7	女	11423512366	1993/6/18
8	男	11774124321	1992/1/24
9	女	11751504068	1994/7/13
10	男	12712008732	1996/2/15
11	女	10203504070	1988/6/27
12	男	11108787361	1991/7/14
13	女	11974204072	1993/6/29
14	男	11025507453	1990/9/25
15	男	10874521454	1991/8/15
16	男	11235804075	1988/4/1
17	男	12148504076	1989/6/2

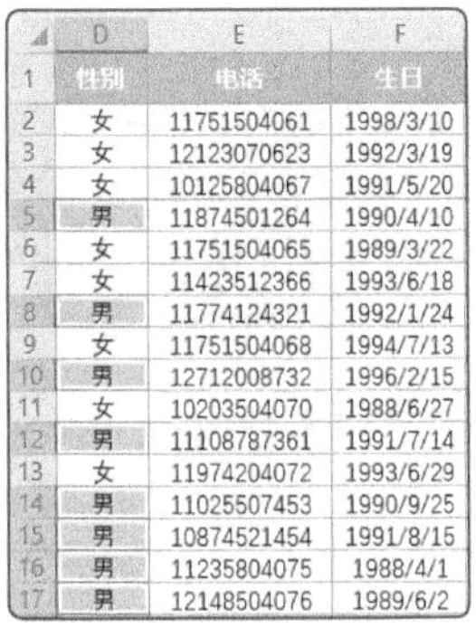

图5-37

5.3.2 录入有序数据

在表格中录入数据时，有时会遇到在结构上有规律的数据，如“1，2，3，...”“2021/9/1,2021/9/2,2021/9/3，...”“VIP-001，VIP-002，VIP-003，...”等，在录入这类数据时，可以采用以下快捷方法。

拖动法。拖动鼠标，拖动到哪就填充到哪。选择单元格后，将鼠标指针移至单元格右下角，当鼠标指针变成十字形状时，向下拖动鼠标即可，如图5-38所示。

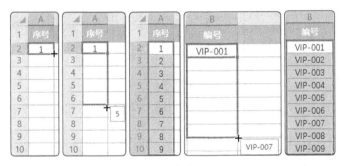

图5-38

双击法。如果表格中的数据较多，则可以采用双击法。将鼠标指针移至单元格右下角，当鼠标指针变成十字形状时，双击即可。

[实操5-8] 快速输入“序号”
[实例资源] \第5章\例5-8

如果数据比较多，且对序列生成有明确的数量、间隔要求，则可以用序列填充数据。下面介绍具体的操作方法。

步骤 01 打开“会员信息登记表.et”素材文件，选择单元格，在“开始”选项卡中单击“填充”下拉按钮，从列表中选择“序列”选项，如图5-39所示。

步骤 02 打开“序列”对话框，将“序列产生在”设置为“列”❶，将“类型”设置为“等差序列”❷，“步长值”文本框中默认设置为“1”❸，在“终止值”文本框中输入“20”❹，单击“确定”按钮，可快速输入序号，如图5-40所示。

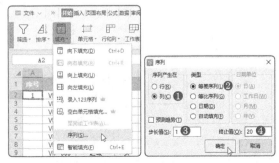

图5-39

图5-40

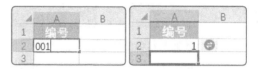

应用秘技

等差序列是后面的数据减去前面的数据等于一个固定的值。等比序列是后面的数据除以前面的数据等于一个固定的值，这个固定值就是"步长值"。

5.3.3 │ 录入特殊数据

有时在表格中需要输入一些特殊数据，例如，输入以0开头的数据以及特殊符号等。

当在单元格中输入以0开头的数据后，发现第一个非0数字前面的0消失了，如图5-41所示。要想保留第一个非0数字前面的0，可以采用以下几种方法。

图5-41

方法一： 在输入数据前，先输入英文单引号，即可输入以0开头的数据，如图5-42所示。

图5-42

方法二： 将单元格设置为"文本"数字格式，也可以输入以0开头的数据，如图5-43所示。

 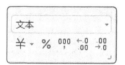 

图5-43

方法三： 在"单元格格式"对话框的"数字"选项卡中选择"自定义"分类❶，在"类型"文本框中输入"00#"❷，同样可以输入以0开头的数据，如图5-44所示。

图5-44

[实操5-9] 输入特殊符号“★”

[实例资源] \第5章\例5-9

在表格中输入特殊符号的方法和在文档中输入相似。下面介绍具体的操作方法。

步骤 01 打开“会员信息登记表 .et”素材文件，选择单元格，在“插入”选项卡中单击“符号”按钮，如图 5-45 所示。

图5-45

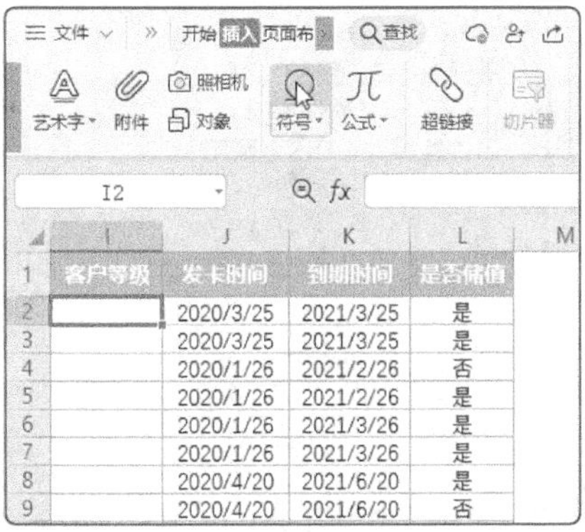

步骤 02 打开“符号”对话框，将“字体”设置为“Wingdings”❶，在下方的列表框中选择符号❷，单击“插入”按钮❸，如图 5-46 所示。

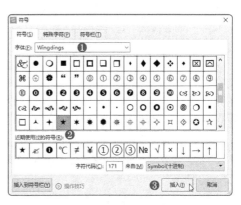

图5-46

操作完成后的效果如图5-47所示。

	I	J	K	L
1	客户等级	发卡时间	到期时间	是否储值
2	★★★	2020/3/25	2021/3/25	是
3		2020/3/25	2021/3/25	是
4		2020/1/26	2021/2/26	否
5		2020/1/26	2021/2/26	是
6		2020/1/26	2021/3/26	是
7		2020/1/26	2021/3/26	是

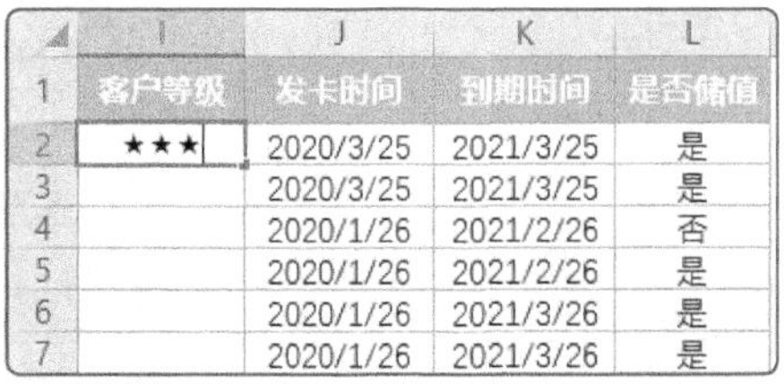

图5-47

5.3.4 限制数据录入

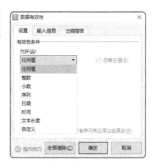

为了防止在单元格中输入无效数据，可以限制数据的录入，使用“有效性”功能即可实现该操作。

其中，在“数据有效性”对话框的“设置”选项卡中，可以设置允许输入“整数”“小数”“序列”“日期”“时间”“文本长度”等，如图5-48所示。

在“输入信息”选项卡中可以设置选定单元格时显示的输入信息等。

在“出错警告”选项卡中可以设置输入无效数据时显示的出错警告等。

图5-48

[实操5-10] 限制只能输入13位的“卡号”

[实例资源] \第5章\例5-10

微课视频

在输入手机号、银行卡号之类的数据时，为了防止多输一位或少输一位数字，可以限制数据的输入长度。下面介绍具体的操作方法。

步骤 01 打开"会员信息登记表 .et"素材文件，选择单元格区域，在"数据"选项卡中单击"有效性"下拉按钮，从列表中选择"有效性"选项，如图5-49所示。

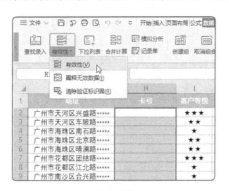

图5-49

步骤 02 打开"数据有效性"对话框，在"设置"选项卡中，将"允许"设置为"文本长度"❶，将"数据"设置为"等于"❷，在"数值"文本框中输入"13"❸，如图 5-50 所示。

图5-50

步骤 03 打开"出错警告"选项卡，将"样式"设置为"警告"❶，在"标题"文本框中输入"输入错误！"❷，在"错误信息"文本框中输入"请输入13 位的数字！"❸，单击"确定"按钮，如图 5-51 所示。

图5-51

步骤 04 此时，如果输入的"卡号"不是 13 位的数字，则在下方弹出警告信息，如图 5-52 所示。

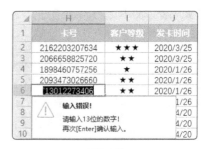

图5-52

应用秘技

要清除数据有效性，只需选择设置了数据有效性的区域，在打开的"数据有效性"对话框中单击"全部清除"按钮即可。

5.4 美化数据表

在表格中输入数据后，为了便于读者阅读和使表格整体美观，需要对表格进行美化。下面进行详细介绍。

5.4.1 设置对齐方式

在默认情况下，表格中的文本左对齐，数字右对齐。用户可以在"开始"选项卡中设置数据的对齐方式，如图5-53所示。

其中，对齐方式包括顶端对齐、垂直居中、底端对齐、左对齐、水平居中、右对齐、两端对齐、分散对齐等。

此外，在"单元格格式"对话框的"对齐"选项卡中，也可以设置文本的对齐方式，如图5-54所示。

图5-53　　　　　　　　　　　　　　　　　　　图5-54

5.4.2　突显某数据内容

为单元格或单元格区域设置背景色，不仅可以达到美化表格的效果，还可以突显某数据内容。选择单元格或单元格区域后，在"开始"选项卡中单击"填充颜色"下拉按钮，从列表中选择合适的颜色即可，如图5-55所示。

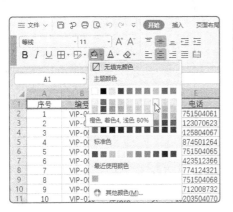

图5-55

5.4.3　套用表格样式

WPS表格预设了3种表格样式，包括浅色系、中色系和深色系。用户只需选择表格区域，在"开始"选项卡中单击"表格样式"下拉按钮，从列表中选择合适的样式，如图5-56所示。在弹出的"套用表格样式"对话框中直接单击"确定"按钮，即可为表格套用所选样式，如图5-57所示。

在"套用表格样式"对话框中，若选中"转换成表格，并套用表格样式"单选按钮，则在为表格套用样式的同时，将其转换成智能表格，方便对数据进行筛选。若不想将表格转换成智能表格，则在"套用表格样式"对话框中选中"仅套用表格样式"单选按钮即可。

图5-56   图5-57

实战演练　制作访客登记表

下面通过制作访客登记表，来温习和巩固前面所学知识，具体操作步骤如下。

微课视频

步骤 01　新建一个空白工作簿，双击"Sheet1"工作表标签，将其重命名为"疫情访客登记表"，如图 5-58 所示。

如图 5-60 所示。在 B 列输入"来访日期"，如图 5-61 所示。

图5-58

步骤 02　在第 1 行单元格中输入列标题，如图 5-59 所示。

图5-60

	A	B	C	D
1	序号	来访日期	来访时间	体温（℃）
2				
3				
4				
5				
6				
7				
8				
9				

疫情访客登记表　＋

图5-59

	A	B	C
1	序号	来访日期	来访时间
2	1	2021-01-09	
3	2	2021-01-10	
4	3	2021-01-10	
5	4	2021-01-10	
6	5	2021-01-12	
7	6	2021-01-13	
8	7	2021-01-17	
9	8	2021-01-19	
10	9	2021-01-20	
11	10	2021-01-20	

图5-61

步骤 03　输入序号，然后选择 B2:B11 单元格区域，按【Ctrl+1】组合键，打开"单元格格式"对话框，在"数字"选项卡的"分类"列表框中选择"日期"，在"类型"列表框中选择合适的日期类型，单击"确定"按钮，

步骤 04　输入来访时间、体温、来访人、身份证号码、电话、来访人离开时间信息，并将数据的对齐方式设置为"垂直居中"和"水平居中"，如图 5-62 所示（这里的身份证号码和电话号码进行了部分隐藏）。

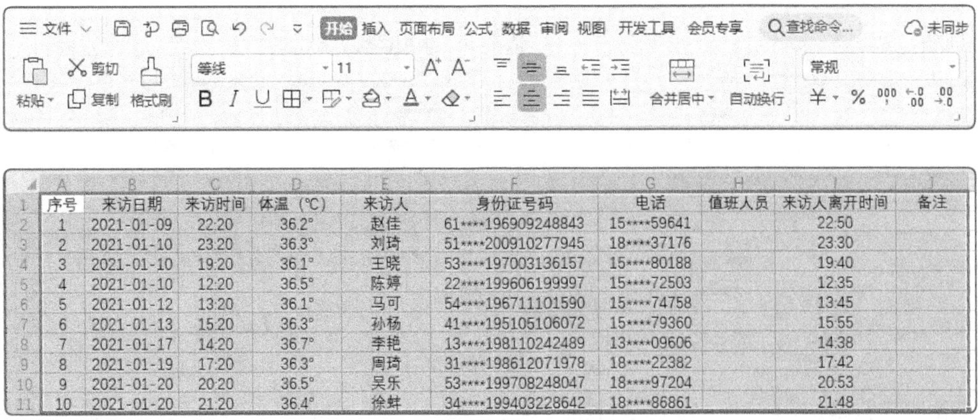

图5-62

步骤 05 选择 H2:H11 单元格区域，在"数据"选项卡中单击"有效性"按钮，打开"数据有效性"对话框，将"允许"设置为"序列"❶，在"来源"文本框中输入"郝茜,朱瑞,姜兰"❷，单击"确定"按钮，如图 5-63 所示。

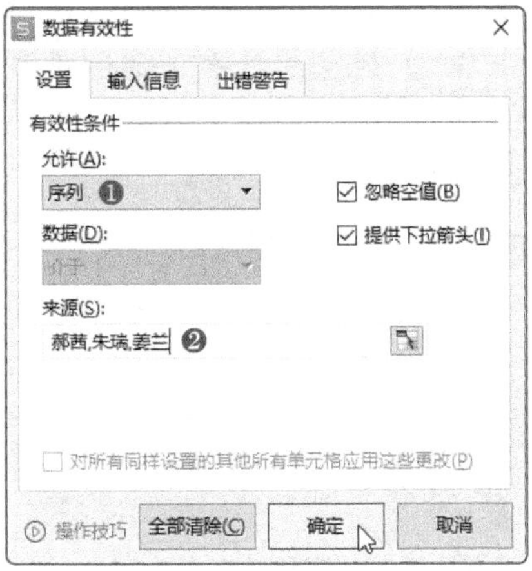

图5-63

步骤 06 选择 H2 单元格，单击其右侧的下拉按钮，从列表中选择合适的选项，按照同样的方法完成"值班人员"的输入，如图 5-64 所示。

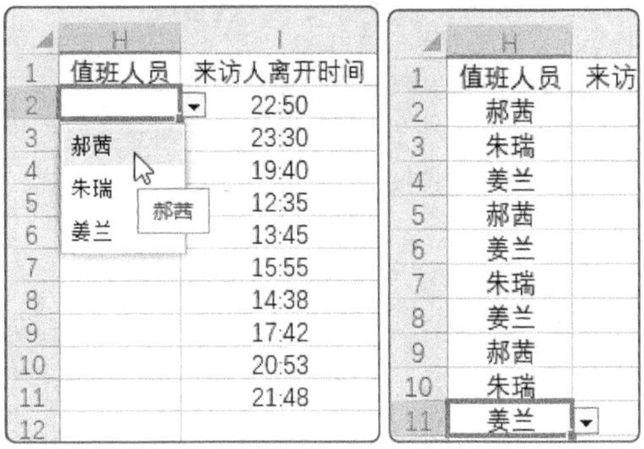

图5-64

步骤 07 选择 A1:J11 单元格区域，在"开始"选项卡中单击"表格样式"下拉按钮，从列表中选择合适的样式，在弹出的"套用表格样式"对话框中直接单击"确定"按钮，效果如图 5-65 所示。

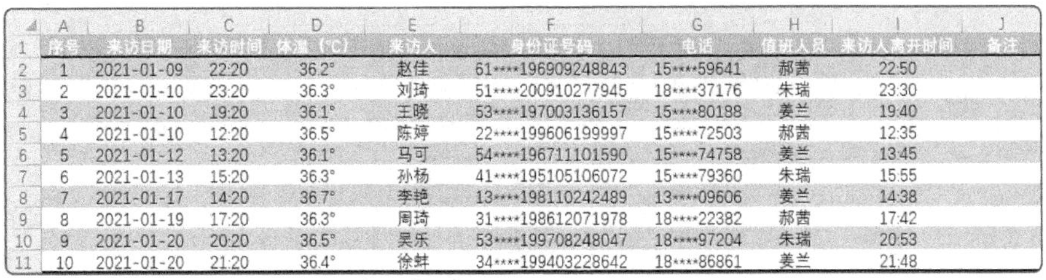

图5-65

疑难解答

Q：如何取消工作簿的密码保护？

A：单击"文件"按钮，选择"文档加密"选项，并选择"密码加密"选项。打开"密码加密"窗格，从中删除设置的"打开文件密码"和"修改文件密码"，单击"应用"按钮，如图5-66所示。

图5-66

Q：如何居中打印？

A：在"打印预览"界面中单击"页面设置"按钮，打开"页面设置"对话框，在"页边距"选项卡中勾选"水平"❶和"垂直"复选框❷，单击"打印预览"按钮❸，在打开的预览界面中可查看设置效果，如图5-67所示。

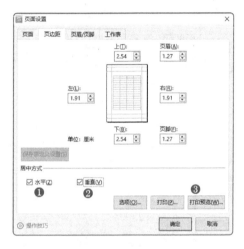
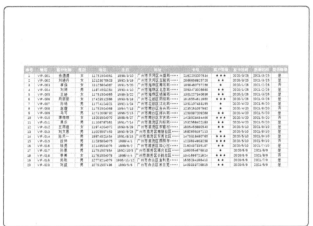

图5-67

Q：如何隐藏工作表？

A：选择需要隐藏的工作表，单击鼠标右键，从弹出的快捷菜单中选择"隐藏工作表"命令，如图5-68所示。

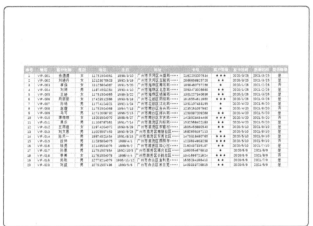

图5-68

第6章

轻松"玩转"公式与函数

WPS 表格不仅可以用来制作各种类型的报表，还可以使用公式与函数计算复杂的数据。WPS 表格提供了多种类型的函数，掌握这些函数能够提高工作效率。本章将对公式与函数的应用进行详细介绍。

6.1 认识公式与函数

在使用公式与函数之前，需要了解什么是运算符、公式的组成要素、函数类型等。下面进行详细介绍。

6.1.1 什么是运算符

运算符是构成公式的基本元素之一，主要由加、减、乘、除以及比较运算符等符号组成，其作用是对常量、单元格的值等进行运算。

公式中的运算符主要有以下几种。

算术运算符：用于完成基本的数字运算，包括加、减、乘、除和百分比等。

比较运算符：用于比较数据的大小，包括=、<>、>、<、>=、<=等，执行比较运算返回的结果只能是逻辑值TRUE或FALSE。

文本运算符：表示使用&连接符号连接多个字符形成一个文本。

引用运算符：主要用于在工作表中引用单元格。公式中的引用运算符共有3个，包括冒号（:）、单个空格、逗号（,）。

各种类型运算符的含义与示例，如表6-1所示。

表6-1

运算符		含义	示例
算术运算符	+（加号）	进行加法运算	=1+3
	-（减号）	进行减法运算	=4-1
	*（乘号）	进行乘法运算	=3*5
	/（除号）	进行除法运算	=15/3
	%（百分号）	将一个数表示为百分数形式	=20%
	^（幂运算符）	进行乘方运算	=4^2
比较运算符	=（等于号）	判断=左右两边的数据是否相等	=A1=A2
	>（大于号）	判断>左边的数据是否大于右边的数据	=7>5
	<（小于号）	判断<左边的数据是否小于右边的数据	=3<8
	>=（大于等于号）	判断>=左边的数据是否大于或等于右边的数据	=A1>=3
	<=（小于等于号）	判断<=左边的数据是否小于或等于右边的数据	=A1<=5
	<>（不等于号）	判断<>左右两边的数据是否不相等	=A1<>B1
文本运算符	&（连接符号）	将两个文本连接在一起形成一个连续的文本	="WPS"&"2019" 结果为WPS2019
引用运算符	:（冒号）	对两个引用之间，包括两个引用在内的所有单元格进行引用	=SUM(A1:A6)
	,（逗号）	将多个引用合并为一个引用	=SUM(A1:C3,E1:G3)
	（空格）	对两个引用交叉的区域进行引用	=SUM(A1:C5 B2:D6)

6.1.2 公式的组成要素

公式就是以"="开始的一组运算等式，由等号、函数、括号、单元格引用、常量、运算符等构成。其中，常量可以是数字、文本，也可以是其他字符，如果常量不是数字就要加上英文双引号。

例如，根据"笔试成绩"和"面试成绩"判断是否有证书，在单元格中输入公式，如图6-1所示。

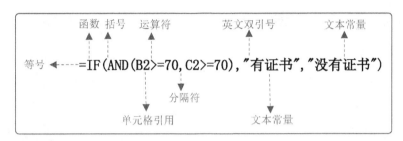

图6-1

其中上述公式的组成要素为：

6.1.3 函数类型

WPS表格为用户提供了多种函数类型，包括财务函数、逻辑函数、文本函数、日期和时间函数、查找与引用函数、数学和三角函数、统计函数、工程函数、信息函数等。用户可以在"公式"选项卡中查看函数的类型，如图6-2所示。

图6-2

其中，财务函数可以满足一般的财务计算；逻辑函数可以进行真假值的判断；文本函数可以在公式中处理字符串；日期和时间函数可以处理日期型或日期时间型数据；查找与引用函数可以在数据清单或表格中查找特定的值；数学和三角函数可以处理简单的计算。

了解这些函数的类型后，就可以在计算数据时快速联想到函数库内有没有相关类型的函数。

应用秘技

无论什么函数，都由函数名称和函数参数组成。无论函数有几个参数，都应写在函数名称后面的括号中，当有多个参数时，各个参数间用英文逗号（,）隔开。函数不能单独使用，只有在公式中才能发挥真正的作用。

6.2 公式与函数的应用

了解公式与函数后，用户需要掌握公式与函数的一些基本操作，如复制与填充公式、输入函数、审核和检查公式等。下面进行详细介绍。

6.2.1 | 公式的复制与填充

当表格中多个单元格所需公式的计算规则相同时，可以使用复制和填充功能进行计算。

1. 复制公式

方法一： 选择公式所在单元格，按【Ctrl+C】组合键进行复制，如图6-3所示。然后选择目标单元格区域，按【Ctrl+V】组合键粘贴公式，公式被粘贴到目标单元格中，自动修改其中的单元格引用，并完成计算，如图6-4所示。

图6-3　　　　　　　　　　　　　　　图6-4

方法二： 选择公式所在单元格，单击鼠标右键，从弹出的快捷菜单中选择"复制"命令，如图6-5所示。选择目标单元格区域，单击鼠标右键，从弹出的快捷菜单中选择"选择性粘贴"命令❶，并从其弹出的级联菜单中选择"粘贴公式和数字格式"即可❷，如图6-6所示。

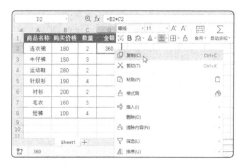

图6-5　　　　　　　　　　　　　　　图6-6

2. 填充公式

方法一： 选择公式所在单元格，将鼠标指针移至该单元格右下角，如图6-7所示。向下拖动鼠标填充公式，如图6-8所示。

图6-7　　　　　　　　　　　　　　　图6-8

方法二： 选择公式所在单元格，将鼠标指针移至该单元格右下角，双击，公式将向下填充到其他单元格中。

方法三： 选择包含公式的单元格区域，如图6-9所示。按【Ctrl+D】组合键，可将公式向下填充。

图6-9

新手提示

使用填充方法，复制的只是公式的计算规则，而非公式本身。如果用户想复制公式本身，则可以选择公式所在单元格，在"编辑栏"中选择并复制公式。

6.2.2 | 如何输入函数

用户可以通过多种方法输入函数，例如，使用"函数库"输入函数、使用"插入函数"向导输入函数等。

1. 使用"函数库"输入函数

在"公式"选项卡中选择"数学和三角"选项，并在其列表中选择"PRODUCT"函数，如图6-10所示。打开"函数参数"对话框，设置各参数❶，单击"确定"按钮❷，即可得出结果❸，如图6-11所示。

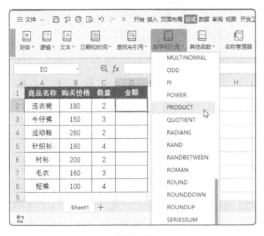

图6-10

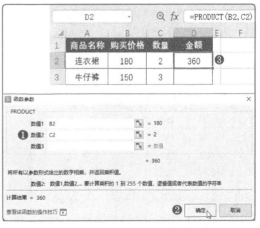

图6-11

2. 使用"插入函数"向导输入函数

如果用户对函数所属的类别不太熟悉，则可以使用"插入函数"向导选择或搜索所需函数。在"公式"选项卡中单击"插入函数"按钮，如图6-12所示。打开"插入函数"对话框，在"或选择类别"下拉列表中选择需要的函数类型❶，在"选择函数"列表框中选择函数❷，单击"确定"按钮❸，如图6-13所示。在弹出的"函数参数"对话框中设置各参数即可。

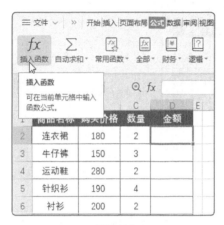

图6-12

图6-13

 [实操6-1] 手动输入函数

[实例资源] \第6章\例6-1

微课视频

如果知道所需函数的全部或开头部分字母正确的拼写，则可以直接在单元格中手动输入函数。下面介绍具体的操作方法。

步骤 01 打开"例6-1.et"素材文件，选择 D2 单元格，输入"=PR"，系统自动在下拉列表中显示所有以"PR"开头的函数，如图6-14所示。

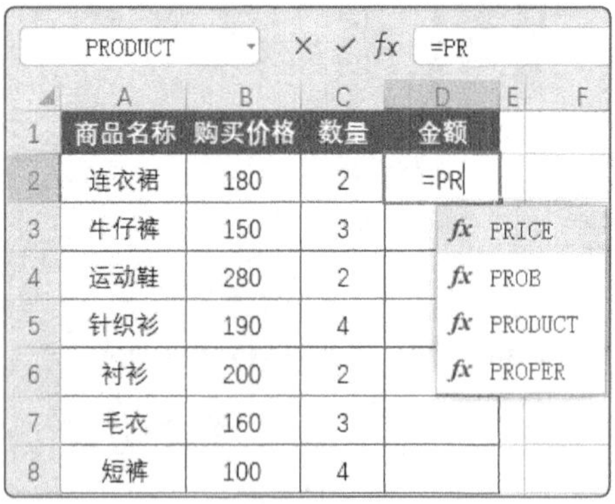

图6-14

步骤 02 在下拉列表中选择需要的函数，按【Tab】键，将函数输入单元格中，如图6-15所示。

步骤 03 在函数后面的括号中输入相关参数，如图6-16所示。按【Enter】键确认输入即可，如图6-17所示。

图6-15

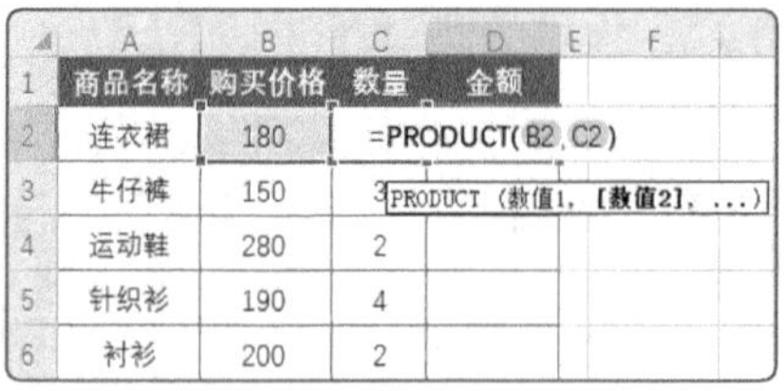

图6-16

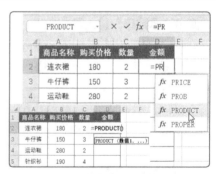

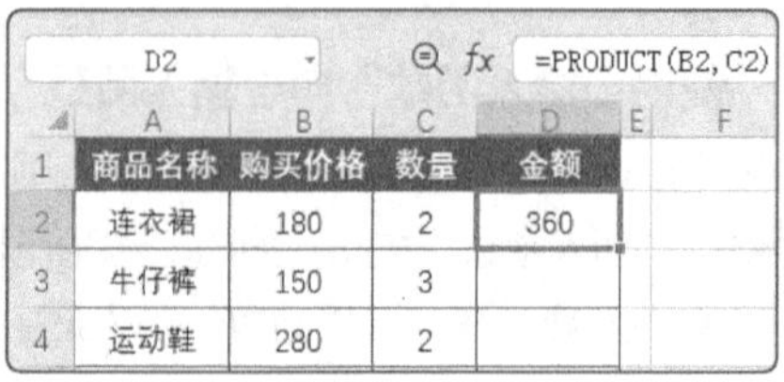

图6-17

6.2.3 | 审核和检查公式

在"公式"选项卡中有一系列的公式审核、检查工具，如追踪引用单元格、追踪从属单元格、错误检查等。

1. 追踪引用单元格

追踪引用单元格用于指明影响当前所选单元格值的单元格。选择单元格，在"公式"选项卡中单击"追踪引用单元格"按钮，出现蓝色箭头，指明当前所选单元格引用了哪些单元格，如图6-18所示。

图6-18

2. 追踪从属单元格

追踪从属单元格用于指明受当前所选单元格值影响的单元格。选择单元格，在"公式"选项卡中单击"追踪从属单元格"按钮，出现蓝色箭头，指向受当前所选单元格值影响的单元格，如图6-19所示。

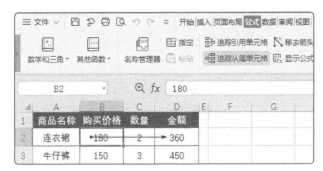

图6-19

3. 错误检查

"错误检查"功能能够及时检查出表格中存在问题的公式，以便修正。在"公式"选项卡中单击"错误检查"按钮，如图6-20所示。如果检查出错误，则系统会自动弹出"错误检查"对话框，在该对话框中将显示公式出错原因。核实后，再对错误公式进行编辑，或直接忽略错误，如图6-21所示。

图6-20

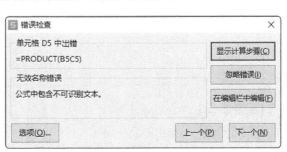

图6-21

[实操6-2] 显示公式
[实例资源] \第6章\例6-2

如果用户想将单元格中的公式显示出来，以便直接查看使用情况，则可以按照以下方法操作。

步骤 01 打开"例6-2.et"素材文件，在"公式"选项卡中单击"显示公式"按钮，如图6-22所示。

步骤 02 即可将表格中的公式全部显示出来，如图6-23所示。再次单击"显示公式"按钮，取消其选中状态，可恢复显示计算结果。

图6-22

图6-23

6.3 常用函数的应用

WPS表格提供了6种常见函数类型，如日期和时间函数、数学和三角函数、逻辑函数、查找与引用函数、文本函数、统计函数等。下面进行详细介绍。

6.3.1 日期和时间函数

日期和时间函数是指在公式中用来分析和处理日期值和时间值的函数。常用的日期和时间函数有TODAY函数、DATEDIF函数、WEEKDAY函数等。

1. TODAY函数

TODAY函数用于返回当前日期。

语法格式为：=TODAY()

该函数没有参数，每次打开工作簿时，会自动更新至当前日期。

TODAY函数说明示例如图6-24所示。

	A	B	C
1	公式	结果	说明
2	=TODAY()	2021/6/21	返回当前日期
3	=TODAY()+5	2021/6/26	返回当前日期之后5天的日期
4	=TODAY()-5	2021/6/16	返回当前日期之前5天的日期

图6-24

[实操6-3] 计算倒计时
[实例资源] \第6章\例6-3

使用TODAY函数可以计算倒计时。下面介绍具体的操作方法。

步骤 01 打开"例 6-3.et"素材文件，选择 A2 单元格，输入公式"=(C2-TODAY())&" 天 ""，如图 6-25 所示。

图6-25

步骤 02 按【Enter】键确认，即可计算出距国庆节还有多少天，如图 6-26 所示。

图6-26

2. DATEDIF函数

DATEDIF函数用于用指定的单位计算起始日和结束日之间的天数。

语法格式为：=DATEDIF(开始日期,终止日期,比较单位)

参数说明如下。

● **开始日期：**是一串代表起始日期的日期。

● **终止日期：**是一串代表终止日期的日期。

● **比较单位：**所需信息的返回类型。不同比较单位的函数返回值如表6-2所示。

表6-2

比较单位	函数返回值
"Y"	返回两个日期值间隔的整年数
"M"	返回两个日期值间隔的整月数
"D"	返回两个日期值间隔的天数
"MD"	返回两个日期值间隔的天数（忽略日期中的年和月）
"YM"	返回两个日期值间隔的月数（忽略日期中的年和日）
"YD"	返回两个日期值间隔的天数（忽略日期中的年）

DATEDIF函数说明示例如图6-27所示。

	A	B	C
1		开始日期	终止日期
2		2021/6/22	2023/7/23
3	公式	结果	说明
4	=DATEDIF(B2,C2,"Y")	2	返回两个日期之间的年数
5	=DATEDIF(B2,C2,"M")	25	返回两个日期之间的月数
6	=DATEDIF(B2,C2,"MD")	1	忽略年和月计算两个日期之间的天数
7	=DATEDIF(B2,C2,"YD")	31	忽略年计算两个日期之间的天数

图6-27

[实操6-4] 计算工龄
[实例资源] \第6章\例6-4

微课视频

可以使用DATEDIF函数计算工龄。下面介绍具体的操作方法。

步骤 01 打开"例 6-4.et"素材文件，选择 C2 单元格，输入公式"=DATEDIF(B2,TODAY(),"Y")"，如图 6-28 所示。

步骤 02 按【Enter】键确认，即可计算出工龄，然后向下填充公式即可，如图 6-29 所示。

	A	B	C	D
1	员工	入职时间	工龄	基本工资
2	赵璇	=DATEDIF(B2,TODAY(),"Y")		
3	王晓	2013/7/5		3500
4	刘雯	2009/10/1		4000
5	孙琦	2016/8/10		3500
6	徐蚌	2015/8/1		5000
7	周丽	2003/6/12		6000

图6-28

C2　fx　=DATEDIF(B2,TODAY(),"Y")

	A	B	C	D	E
1	员工	入职时间	工龄	基本工资	
2	赵璇	2001/5/1	20	5000	
3	王晓	2013/7/5	7	3500	
4	刘雯	2009/10/1	11	4000	
5	孙琦	2016/8/10	4	3500	
6	徐蚌	2015/8/1	5	5000	
7	周丽	2003/6/12	18	6000	

图6-29

3. WEEKDAY函数

WEEKDAY函数用于返回指定日期对应的星期数。

语法格式为：=WEEKDAY(日期序号,[返回值类型])

参数说明如下。

- **日期序号：**是要返回日期数的日期。
- **返回值类型：**用于确定返回值类型的数字。不同返回值类型的返回的数字如表6-3所示。

表6-3

返回值类型	返回的数字
1或省略	1（星期日）~7（星期六）
2	1（星期一）~7（星期日）
3	0（星期一）~6（星期日）
11	数字1（星期一）~数字7（星期日）
12	数字1（星期二）~数字7（星期一）
13	数字1（星期三）~数字7（星期二）
14	数字1（星期四）~数字7（星期三）
15	数字1（星期五）~数字7（星期四）
16	数字1（星期六）~数字7（星期五）
17	数字1（星期日）~数字7（星期六）

WEEKDAY函数说明示例如图6-30所示。

	A	B	C
1			日期
2			2021/6/22
3	公式	结果	说明
4	=WEEKDAY($C$2,1)	3	把星期日作为一周开始，计算星期值
5	=WEEKDAY($C$2,2)	2	把星期一作为一周开始，计算星期值
6	=WEEKDAY($C$2,12)	1	把星期二作为一周开始，计算星期值
7	=WEEKDAY($C$2,15)	5	把星期五作为一周开始，计算星期值
8	=WEEKDAY($C$2,17)	3	把星期日作为一周开始，计算星期值

图6-30

[实操6-5] 计算今天是星期几

[实例资源] \第6章\例6-5

可以将WEEKDAY函数和NOW函数嵌套使用，计算今天是星期几。下面介绍具体的操作方法。

步骤 01 打开"例 6-5.et"素材文件，选择 A2 单元格，输入公式"=" 星期 "&WEEKDAY(NOW(),2)"，如图 6-31 所示。

步骤 02 按【Enter】键确认，即可计算出今天是星期几，如图 6-32 所示。假设当前日期为 2021 年 6 月 22 日。

图6-31

图6-32

6.3.2 数学和三角函数

用户可以使用数学与三角函数进行简单的计算。常用的数学和三角函数有SUM函数、SUMIF函数等。

1. SUM函数

SUM函数用于对单元格区域中的所有数值求和。

语法格式为：=SUM(数值1,...)

参数说明如下。

数值1,数值2,...为1~255个待求和的数值。单元格中的逻辑值和文本将被忽略，但作为参数时，逻辑值和文本有效。

SUM函数说明示例如图6-33所示。

	A	B	C	D
1	5	TRUE	6	2021/6/22
2	公式	结果		说明
3	=SUM(A1,C1)	11		参数可以是数字或单元格的引用
4	=SUM(A1:C1)	11		逻辑值参数被忽略计算
5	=SUM(A1,D1)	44374		日期被转换为数字计算

图6-33

[实操6-6] 计算总金额

[实例资源] \第6章\例6-6

可以使用SUM函数计算总金额。下面介绍具体的操作方法。

步骤 01 打开"例 6-6.et"素材文件，选择 F2 单元格，输入公式"=SUM(D2:D8)"，如图 6-34 所示。

步骤 02 按【Enter】键确认，即可计算出总金额，如图 6-35 所示。

PRODUCT			✕ ✓ fx	=SUM(D2:D8)	
	A	B	C	D	E F
1	商品名称	购买价格	数量	金额	总金额
2	连衣裙	180	2		=SUM(D2:D8)
3	牛仔裤	150	3	450	
4	运动鞋	280	2	560	
5	针织衫	190	4	760	
6	衬衫	200	2	400	
7	毛衣	160	3	480	
8	短裤	100	4	400	

图6-34

F2			Q fx	=SUM(D2:D8)	
	A	B	C	D	E F
1	商品名称	购买价格	数量	金额	总金额
2	连衣裙	180	2	360	3410
3	牛仔裤	150	3	450	
4	运动鞋	280	2	560	
5	针织衫	190	4	760	
6	衬衫	200	2	400	
7	毛衣	160	3	480	
8	短裤	100	4	400	

图6-35

2. SUMIF函数

SUMIF函数用于根据指定条件对若干单元格求和。

语法格式为：=SUMIF(区域,条件,[求和区域])

参数说明如下。

- **区域：** 用于条件判断的单元格区域。
- **条件：** 以数字、表达式或文本形式定义的条件。
- **求和区域：** 用于求和计算的实际单元格。如果省略，则使用区域中的单元格。

[实操6-7] 统计电视机的销售数量

[实例资源] \第6章\例6-7

微课视频

可以使用SUMIF函数按模糊条件对数据求和。下面介绍具体的操作方法。

步骤 01 打开“例 6-7.et”素材文件，选择 H2 单元格，输入公式“=SUMIF(B2:B12,"* 电视机",C2:C12)”，如图 6-36 所示。

日期	商品名称	销售数量	销售单价	销售金额		商品名称	销售数量
2021/9/1	海信电视机	100	¥1,800	¥180,000		=SUMIF(B2:B12,"*电视机",C2:C12)	
2021/9/1	华为手机	150	¥3,900	¥585,000			
2021/9/1	联想电脑	200	¥3,500	¥700,000			
2021/9/2	TCL电视机	300	¥1,220	¥366,000			
2021/9/2	苹果手机	400	¥5,600	¥2,240,000			
2021/9/2	海尔电视机	150	¥2,300	¥345,000			
2021/9/3	三星手机	230	¥2,800	¥644,000			
2021/9/3	长虹电视机	160	¥2,560	¥409,600			
2021/9/3	魅族手机	320	¥1,850	¥592,000			
2021/9/4	小米手机	180	¥3,310	¥595,800			
2021/9/4	戴尔电脑	200	¥4,900	¥980,000			

图6-36

步骤 02 按【Enter】键确认，即可统计出电视机的销售数量，如图 6-37 所示。

H2 fx =SUMIF(B2:B12,"*电视机",C2:C12)

日期	商品名称	销售数量	销售单价	销售金额		商品名称	销售数量
2021/9/1	海信电视机	100	¥1,800	¥180,000		电视机	710
2021/9/1	华为手机	150	¥3,900	¥585,000			
2021/9/1	联想电脑	200	¥3,500	¥700,000			
2021/9/2	TCL电视机	300	¥1,220	¥366,000			
2021/9/2	苹果手机	400	¥5,600	¥2,240,000			
2021/9/2	海尔电视机	150	¥2,300	¥345,000			
2021/9/3	三星手机	230	¥2,800	¥644,000			
2021/9/3	长虹电视机	160	¥2,560	¥409,600			
2021/9/3	魅族手机	320	¥1,850	¥592,000			
2021/9/4	小米手机	180	¥3,310	¥595,800			
2021/9/4	戴尔电脑	200	¥4,900	¥980,000			

图6-37

应用秘技

上述公式中使用了星号“*”，它和“?”都是通配符，都可以代替任意的数字、字母、汉字或其他字符，区别在于可以代替的字符数量。一个“?”只能代替一个任意字符，而一个“*”可以代替任意个任意字符。

6.3.3 逻辑函数

使用逻辑函数对单个或多个表达式的逻辑关系进行判断，并返回一个逻辑值。常用的逻辑函数有AND函数、OR函数、IF函数等。

1. AND函数

AND函数用于判定指定的多个条件是否全部成立。

语法格式为：=AND(逻辑值1,...)

参数说明如下。

逻辑值1,逻辑值2,...为1~255个结果是TRUE或FALSE的检测条件，检测内容可以是逻辑值、数组或引用。

AND函数说明示例如图6-38所示。

公式	结果	说明
=AND(TRUE,TRUE)	TRUE	所有条件为TRUE，则返回结果为TRUE
=AND(TRUE,FALSE)	FALSE	有一条件为FALSE，则返回结果为FALSE
=AND(3>2,4>3)	TRUE	所有条件为TRUE，则返回结果为TRUE
=AND(3>2,1>3)	FALSE	有一条件为FALSE，则返回结果为FALSE

图6-38

2. OR函数

OR函数用于判定指定的多个条件式中是否有一个以上成立。

语法格式为：=OR(逻辑值1,...)

参数说明如下。

逻辑值1,逻辑值2,...为1~255个结果是TRUE或FALSE的检测条件。

OR函数说明示例如图6-39所示。

公式	结果	说明
=OR(TRUE,TRUE)	TRUE	所有条件为TRUE，则返回结果为TRUE
=OR(TRUE,FALSE)	TRUE	有一条件为TRUE，则返回结果为TRUE
=OR(FALSE,FALSE)	FALSE	所有条件为FALSE，则返回FALSE

图6-39

3. IF函数

IF函数用于执行真假值判断，根据逻辑测试值返回不同的结果。

语法格式为：=IF(测试条件,真值,[假值])

参数说明如下。

● **测试条件：** 计算结果可判断为TRUE或FALSE的数值或表达式。

● **真值：** 当测试条件为TRUE时的返回值。

● **假值：** 当测试条件为FALSE时的返回值。如果忽略，则返回FALSE。

IF函数说明示例如图6-40所示。

公式	结果	说明
=IF(13<17,"真","假")	真	条件为真，则返回"真"
=IF(13>17,"真","假")	假	条件为假，则返回"假"
=IF(13<17,"正确","错误")	正确	条件为真，则返回"正确"

图6-40

[实操6-8] 判断是否有奖金

[实例资源] \第6章\例6-8

微课视频

假设员工业绩大于30000，或者工龄大于5，则有奖金，否则没有奖金。可以将IF函数和OR函数嵌套使用，判断是否有奖金。下面介绍具体的操作方法。

步骤 01 打开"例 6-8.et"素材文件，选择 E2 单元格，输入公式"=IF(OR(C2>30000,D2>5),"有 ","没有 ")"，如图 6-41 所示。

	A	B	C	D	E	F
1	姓名	所属部门	业绩	工龄	是否有奖金	
2	周轩	销售部			=IF(OR(C2>30000,D2>5),"有","没有")	
3	王琦	生产部	35000	4		
4	刘佳	研发部	10000	7		
5	陈晓	工艺部	65000	6		
6	孙俪	研发部	23000	3		
7	张宇	销售部	19000	5		

图6-41

步骤 02 按【Enter】键确认，即可判断出是否有奖金，并向下填充公式，如图 6-42 所示。

	A	B	C	D	E
1	姓名	所属部门	业绩	工龄	是否有奖金
2	周轩	销售部	15000	2	没有
3	王琦	生产部	35000	4	有
4	刘佳	研发部	10000	7	有
5	陈晓	工艺部	65000	6	有
6	孙俪	研发部	23000	3	没有
7	张宇	销售部	19000	5	没有

图6-42

6.3.4 查找与引用函数

如果需要在计算过程中进行查找，或者引用某些符合要求的目标数据，则可以借助查找与引用函数。常用的查找与引用函数有VLOOKUP函数、MATCH函数等。

1. VLOOKUP函数

VLOOKUP函数用于查找指定的数值，并返回当前行中指定列处的数值。

语法格式为：=VLOOKUP(查找值,数据表,列序数,[匹配条件])

参数说明如下。

● **查找值：** 为需要在数组第一列中查找的数值，可以为数值、引用和字符串。

● **数据表：** 为需要在其中查找数据的数据表，可以使用对区域或区域名称的引用。

● **列序数：** 为待返回的匹配值的列序号。为1时，返回数据表第一列中的数值。

● **匹配条件：** 指定在查找时，是要求精确匹配，还是大致匹配。如果为FALSE，则为精确匹配，如果为TRUE或忽略，则为大致匹配。

新手提示

VLOOKUP函数的第2个参数必须包含查找值和返回值，且第1列必须是查找值。

[实操6-9] 根据工号查询实发工资
[实例资源] \第6章\例6-9

微课视频

可以使用VLOOKUP函数根据工号查询实发工资。下面介绍具体的操作方法。

步骤 01 打开"例 6-9.et"素材文件，选择 B18 单元格，输入公式"=VLOOKUP(A18,$A$2:$M$15,13,FALSE)"，如图 6-43 所示。

	A	B	C	D	E
11	SM010	张雨	销售部	3000	0
12	SM011	齐征	采购部	3000	0
13	SM012	徐蚌	生产部	3000	0
14	SM013	张函	财务部	4000	0
15	SM014	王珂	采购部	3000	0
17	工号	实发工资			
18	SM006	=VLOOKU P(A18, $A$2:M 15 ,13,FALSE)			

图6-43

步骤 02 按【Enter】键确认，即可查询出实发工资，如图 6-44 所示。

B18 fx =VLOOKUP(A18,$A$2:$M$15,13,FALSE)

	A	B	C	D	E	M	N
1	工号	姓名	部门	基本工资	岗位工资	实发工资	
2	SM001	宁静	销售部	5000	2000	7410	
3	SM002	周美	生产部	3000		3080	
4	SM003	刘红	财务部	6000	2000	8080	
5	SM004	孙杨	人事部	3500	0	3850	
6	SM005	张星	采购部	5000	2000	8080	
7	SM006	赵杰	财务部	4000	0	3773	
8	SM007	王晓	生产部	5000	2000	8415	
9	SM008	李明	销售部	3000	0	2772	
10	SM009	吴晶	人事部	5500	2000	8080	
11	SM010	张雨	销售部	3000	0	2849	
12	SM011	齐征	采购部	3000	0	2772	
13	SM012	徐蚌	生产部	3000	0	3003	
14	SM013	张函	财务部	4000	0	3850	
15	SM014	王珂	采购部	3000	0	2926	
17	工号	实发工资					
18	SM006	3773					

图6-44

2. MATCH函数

MATCH函数用于返回指定方式下与指定数值匹配的元素的相应位置。

语法格式为：=MATCH(查找值,查找区域,[匹配类型])

参数说明如下。

- **查找值：** 在数组中所要查找匹配的值，可以是数值、文本和逻辑值，或者是对上述类型的引用。
- **查找区域：** 含有要查找的值的连续单元格区域，可以是一个数组或对某数组的引用。
- **匹配类型：** 为指定检索查找值的方法。不同匹配类型的检索方法如表6-4所示。

表6-4

匹配类型	检索方法
1或省略	MATCH函数会查找小于或等于"查找值"的最大值。"查找区域"参数中的值必须按升序排列
0	MATCH函数会查找等于"查找值"的第一个值。"查找区域"参数中的值可以按任何顺序排列
-1	MATCH函数会查找大于或等于"查找值"的最小值。"查找区域"参数中的值必须按降序排列

[实操6-10] 根据姓名查找基本工资

[实例资源] \第6章\例6-10

可以将MATCH函数和INDEX函数嵌套使用，根据姓名查找基本工资。下面介绍具体的操作方法。

步骤 01 打开"6-10.et"素材文件，选择B18单元格，输入公式"=INDEX(D2:D15,MATCH(A18,B2:B15,0))"，如图6-45所示。

▲	A	B	C	D	E
1	工号	姓名	部门	基本工资	岗位工资
11	SM010	张雨	销售部	3000	0
12	SM011	齐征	采购部	3000	0
13	SM012	徐蚌	生产部	3000	0
14	SM013	张函	财务部	4000	0
15	SM014	王珂	采购部	3000	0
17	姓名	基本工资			
18	吴晶	=INDEX(			
19		D2:D15			
20		,MATCH(			
21		A18,			
22		B2:B15 ,0))			
23					

图6-45

步骤 02 按【Enter】键确认，即可根据姓名查找基本工资，如图6-46所示。

▲	A	B	C	D	E
1	工号	姓名	部门	基本工资	岗位工资
5	SM004	孙杨	人事部	3500	0
6	SM005	张星	采购部	5000	2000
7	SM006	赵亮	财务部	4000	0
8	SM007	王晓	生产部	5000	2000
9	SM008	李明	销售部	3000	0
10	SM009	吴晶	人事部	5500	2000
11	SM010	张雨	销售部	3000	0
12	SM011	齐征	采购部	3000	0
13	SM012	徐蚌	生产部	3000	0
14	SM013	张函	财务部	4000	0
15	SM014	王珂	采购部	3000	0
17	姓名	基本工资			
18	吴晶	5500			

图6-46

应用秘技

上述公式使用MATCH函数查找姓名所在位置，然后使用INDEX函数引用对应单元格的基本工资。

6.3.5 文本函数

使用文本函数可以在公式中处理字符串。常用的文本函数有FIND函数、REPLACE函数等。

1. FIND函数

FIND函数用于返回一个字符串出现在另一个字符串中的起始位置。

语法格式为：=FIND(要查找的字符串,被查找字符串,[开始位置])

参数说明如下。

● **要查找的字符串：** 是要查找的文本。

● **被查找字符串：** 是包含要查找文本的文本。

● **开始位置：** 指定开始进行查找的字符。"被查找字符串"中的首字符是编号为1的字符。如果省略"开始位置"，则假定其值为1。

 [实操6-11] 从地址中提取城市

[实例资源] \第6章\例6-11

可以将FIND函数和MID函数嵌套使用，从地址中提取城市信息。下面介绍具体的操作方法。

步骤 01 打开"例6-11.et"素材文件，选择 B2 单元格，输入公式"=MID(A2,FIND("省",A2)+1,FIND("市",A2)-FIND("省",A2))"，如图 6-47 所示。

步骤 02 按【Enter】键确认，即可从地址中提取城市信息，然后向下填充公式，如图 6-48 所示。

图6-47

图6-48

 应用秘技

上述公式使用FIND函数找出"省"和"市"所在的位置，它们的位置差即是我们要提取的"城市"名称的字符长度，然后用MID函数从"省"所在位置的下一位开始提取，提取的字符长度就是"省"和"市"的位置差。

2. REPLACE函数

REPLACE函数用于将一个字符串中的部分字符用另一个字符串替换。

语法格式为：=REPLACE(原字符串,开始位置,字符数,新字符串)

参数说明如下。

● **原字符串：** 要进行字符串替换的文本。

● **开始位置：** 要在原字符串中开始替换的位置。

● **字符个数：** 要从原字符串中替换的字符数。

● **新字符串：** 用来对原字符串中指定字符串进行替换的字符串。

 [实操6-12] 隐藏手机号码部分数字

[实例资源] \第6章\例6-12

微课视频

可以使用REPLACE函数隐藏手机号码（号码为虚构）中的部分数字。下面介绍具体的操作方法。

步骤 01 打开"例6-12.et"素材文件，选择 C2 单元格，输入公式"=REPLACE(B2,4,4,"****")"，如图 6-49 所示。

步骤 02 按【Enter】键确认，即可将手机号码中的部分数字隐藏起来，然后向下填充公式，如图 6-50 所示。

	A	B	C	D
1	姓名	手机号码	保密电话	地址
2	赵佳	12751504061	=REPLACE(B2,4,4,"****")	江苏省苏州市吴中区干将东路133号
3	刘雯	11564123365		江苏省南京市栖霞区仙林大道185号
4	王琦	10785632441		甘肃省兰州市城关区天水南路888号
5	周丽	11258496321		吉林省长春市朝阳区前进大街4566号
6	徐蚌	10235876542		四川省成都市双流区中柏路7566号
7	吴乐	11845632401		湖北省武汉市武昌区东湖南路8号
8	孙岩	12087563245		黑龙江省哈尔滨市南岗区西大直街98号

图6-49

C2   fx   =REPLACE(B2, 4, 4, "****")

	A	B	C	D
1	姓名	手机号码	保密电话	地址
2	赵佳	12751504061	127****4061	江苏省苏州市吴中区干将东路133号
3	刘雯	11564123365	115****3365	江苏省南京市栖霞区仙林大道185号
4	王琦	10785632441	107****2441	甘肃省兰州市城关区天水南路888号
5	周丽	11258496321	112****6321	吉林省长春市朝阳区前进大街4566号
6	徐蚌	10235876542	102****6542	四川省成都市双流区中柏路7566号
7	吴乐	11845632401	118****2401	湖北省武汉市武昌区东湖南路8号
8	孙岩	12087563245	120****3245	黑龙江省哈尔滨市南岗区西大直街98号

图6-50

6.3.6 统计函数

统计函数是从各种角度分析统计数据，并捕捉统计数据的所有特征。常用的统计函数有COUNTIF函数、RANK函数等。

1. COUNTIF函数

COUNTIF函数用于求满足给定条件的数据个数。

语法格式为：=COUNTIF(区域,条件)

参数说明如下。

● **区域：** 要计算满足给定条件非空单元格数目的区域。

● **条件：** 以数字、表达式或文本形式定义的条件。

 [实操6-13] 统计工龄大于5的人数
[实例资源] \第6章\例6-13

可以使用COUNTIF函数统计工龄大于5的人数。下面介绍具体的操作方法。

步骤 01 打开"例6-13.et"素材文件，选择F2单元格，输入公式"=COUNTIF(D2:D7,">5")"，如图6-51所示。

步骤 02 按【Enter】键确认，即可统计出工龄大于5的人数，如图6-52所示。

	A	B	C	D	E	F
1	姓名	所属部门	业绩	工龄		工龄大于5的人数
2	周轩	销售部	15000	2		=COUNTIF(D2:D7,">5")
3	王琦	生产部	35000	4		
4	刘佳	研发部	10000	7		
5	陈晓	工艺部	65000	6		
6	孙俪	研发部	23000	3		
7	张宇	销售部	19000	8		

图6-51

F2   fx   =COUNTIF(D2:D7,">5")

	A	B	C	D	E	F
1	姓名	所属部门	业绩	工龄		工龄大于5的人数
2	周轩	销售部	15000	2		3
3	王琦	生产部	35000	4		
4	刘佳	研发部	10000	7		
5	陈晓	工艺部	65000	6		
6	孙俪	研发部	23000	3		
7	张宇	销售部	19000	8		

图6-52

2. RANK函数

RANK函数用于返回一个数值在一组数值中的排位。

语法格式为：=RANK(数值,引用,[排位方式])

参数说明如下。

- **数值：** 指定的数字。
- **引用：** 一组数或对一个数据列表的引用。非数字值将被忽略。
- **排位方式：** 指定排位的方式。如果为0或忽略，则为降序，升序时指定为1。

[实操6-14] 对业绩进行排名

[实例资源] \第6章\例6-14

可以使用RANK函数对业绩进行排名。下面介绍具体的操作方法。

步骤 01 打开“例 6-14.et”素材文件，选择 D2 单元格，输入公式“=RANK(C2,$C$2:$C$7,0)”，如图 6-53 所示。

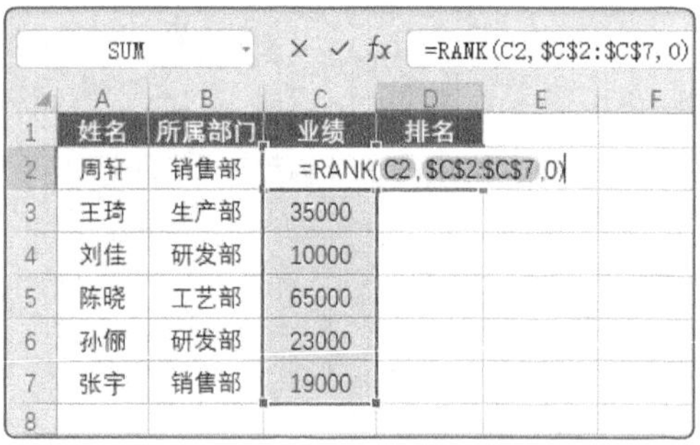
SUM
=RANK(C2, $C$2:$C$7, 0)
姓名 所属部门 业绩 排名
周轩 销售部 =RANK(C2, $C$2:$C$7, 0)
王琦 生产部 35000
刘佳 研发部 10000
陈晓 工艺部 65000
孙俪 研发部 23000
张宇 销售部 19000

图6-53

步骤 02 按【Enter】键确认，即可对业绩进行排名，然后向下填充公式，如图 6-54 所示。

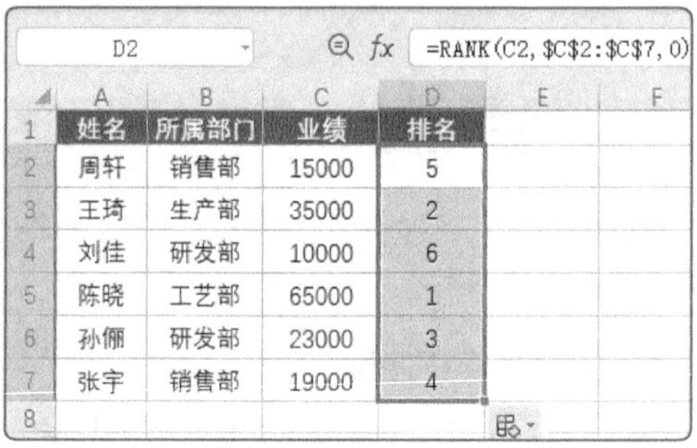
D2
=RANK(C2, $C$2:$C$7, 0)
姓名 所属部门 业绩 排名
周轩 销售部 15000 5
王琦 生产部 35000 2
刘佳 研发部 10000 6
陈晓 工艺部 65000 1
孙俪 研发部 23000 3
张宇 销售部 19000 4

图6-54

实战演练 制作销售数据统计表

下面通过制作销售数据统计表，来温习和巩固前面所学知识，具体操作步骤如下。

微课视频

步骤 01 打开“销售数据统计表 .et”素材文件，选择 A2 单元格，输入公式“=SUM(J5:J24)”，按【Enter】键确认，即可计算出“销售额”，如图 6-55 所示。

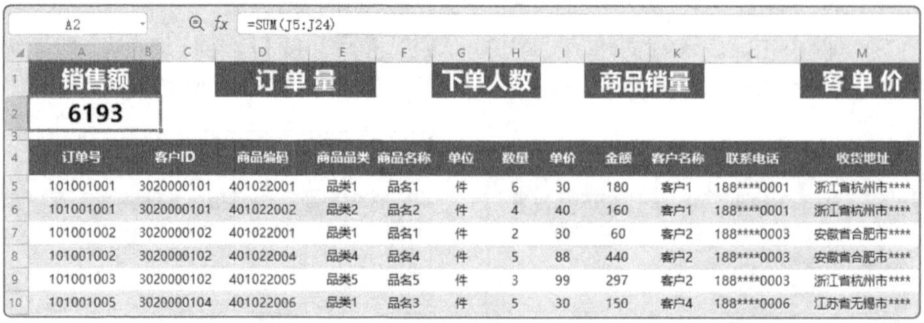
A2
=SUM(J5:J24)
销售额
6193
订单量
下单人数
商品销量
客单价
订单号 客户ID 商品编码 商品品类 商品名称 单位 数量 单价 金额 客户名称 联系电话 收货地址
101001001 3020000101 401022001 品类1 品名1 件 6 30 180 客户1 188****0001 浙江省杭州市****
101001001 3020000101 401022002 品类2 品名2 件 4 40 160 客户1 188****0001 浙江省杭州市****
101001002 3020000102 401022001 品类1 品名1 件 2 30 60 客户2 188****0003 安徽省合肥市****
101001002 3020000102 401022004 品类4 品名4 件 5 88 440 客户2 188****0003 安徽省合肥市****
101001003 3020000102 401022005 品类5 品名5 件 3 99 297 客户2 188****0003 浙江省杭州市****
101001005 3020000104 401022006 品类1 品名3 件 5 30 150 客户4 188****0006 江苏省无锡市****

图6-55

步骤 02 选择 D2 单元格，输入公式“=COUNT(0/FREQUENCY(A5:A24,A5:A24))”，按【Enter】键确认，即可计算出“订单量”，如图 6-56 所示。

	销售额			订单量			下单人数		商品销量			客单价
	6193			18								

	订单号	客户ID	商品编码	商品品类	商品名称	单位	数量	单价	金额	客户名称	联系电话	收货地址
5	101001001	3020000101	401022001	品类1	品名1	件	6	30	180	客户1	188****0001	浙江省杭州市****
6	101001001	3020000101	401022002	品类2	品名2	件	4	40	160	客户1	188****0001	浙江省杭州市****
7	101001002	3020000102	401022001	品类1	品名1	件	2	30	60	客户2	188****0003	安徽省合肥市****
8	101001002	3020000102	401022004	品类4	品名4	件	5	88	440	客户2	188****0003	安徽省合肥市****
9	101001003	3020000102	401022005	品类5	品名5	件	3	99	297	客户2	188****0003	浙江省杭州市****
10	101001005	3020000104	401022006	品类1	品名3	件	5	30	150	客户4	188****0006	江苏省无锡市****

图6-56

步骤 03 选择 G2 单元格，输入公式"=COUNT(0/FREQUENCY(B5:B24,B5:B24))"，按【Enter】键确认，即可计算出"下单人数"，如图 6-57 所示。

G2 = COUNT(0/FREQUENCY(B5:B24,B5:B24))

	销售额			订单量			下单人数		商品销量			客单价
	6193			18			17					

	订单号	客户ID	商品编码	商品品类	商品名称	单位	数量	单价	金额	客户名称	联系电话	收货地址
5	101001001	3020000101	401022001	品类1	品名1	件	6	30	180	客户1	188****0001	浙江省杭州市****
6	101001001	3020000101	401022002	品类2	品名2	件	4	40	160	客户1	188****0001	浙江省杭州市****
7	101001002	3020000102	401022001	品类1	品名1	件	2	30	60	客户2	188****0003	安徽省合肥市****
8	101001002	3020000102	401022004	品类4	品名4	件	5	88	440	客户2	188****0003	安徽省合肥市****
9	101001003	3020000102	401022005	品类5	品名5	件	3	99	297	客户2	188****0003	浙江省杭州市****
10	101001005	3020000104	401022006	品类1	品名3	件	5	30	150	客户4	188****0006	江苏省无锡市****

图6-57

步骤 04 选择 J2 单元格，输入公式"=SUM(H5:H24)"，按【Enter】键确认，即可计算出"商品销量"，如图 6-58 所示。

J2 = SUM(H5:H24)

	销售额			订单量			下单人数		商品销量			客单价
	6193			18			17		128			

	订单号	客户ID	商品编码	商品品类	商品名称	单位	数量	单价	金额	客户名称	联系电话	收货地址
5	101001001	3020000101	401022001	品类1	品名1	件	6	30	180	客户1	188****0001	浙江省杭州市****
6	101001001	3020000101	401022002	品类2	品名2	件	4	40	160	客户1	188****0001	浙江省杭州市****
7	101001002	3020000102	401022001	品类1	品名1	件	2	30	60	客户2	188****0003	安徽省合肥市****
8	101001002	3020000102	401022004	品类4	品名4	件	5	88	440	客户2	188****0003	安徽省合肥市****
9	101001003	3020000102	401022005	品类5	品名5	件	3	99	297	客户2	188****0003	浙江省杭州市****
10	101001005	3020000104	401022006	品类1	品名3	件	5	30	150	客户4	188****0006	江苏省无锡市****

图6-58

步骤 05 选择 M2 单元格，输入公式"=A2/G2"，按【Enter】键确认，即可计算出"客单价"，如图 6-59 所示。

M2 = A2/G2

	销售额			订单量			下单人数		商品销量			客单价
	6193			18			17		128			364.3

	订单号	客户ID	商品编码	商品品类	商品名称	单位	数量	单价	金额	客户名称	联系电话	收货地址
5	101001001	3020000101	401022001	品类1	品名1	件	6	30	180	客户1	188****0001	浙江省杭州市****
6	101001001	3020000101	401022002	品类2	品名2	件	4	40	160	客户1	188****0001	浙江省杭州市****
7	101001002	3020000102	401022001	品类1	品名1	件	2	30	60	客户2	188****0003	安徽省合肥市****
8	101001002	3020000102	401022004	品类4	品名4	件	5	88	440	客户2	188****0003	安徽省合肥市****
9	101001003	3020000102	401022005	品类5	品名5	件	3	99	297	客户2	188****0003	浙江省杭州市****
10	101001005	3020000104	401022006	品类1	品名3	件	5	30	150	客户4	188****0006	江苏省无锡市****

图6-59

步骤 06 选择 P5 单元格，输入公式 "=SUM-IF(E$5:E$24,O5,H$5:H$24)"，按【Enter】键确认，统计出 "品类 1" 的销量，然后向下填充公式，如图 6-60 所示。

步骤 07 选择 Q5 单元格，输入公式 "=SUM-IF(E$5:E$24,O5,J$5:J$24)"，按【Enter】键确认，统计出 "品类 1" 的销售额，然后向下填充公式，如图 6-61 所示。

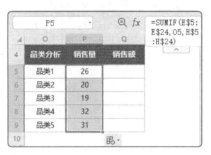

图6-60

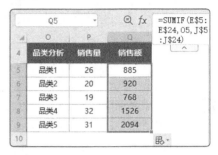

图6-61

疑难解答

Q：单元格的引用有哪些？

A：相对引用：在公式中引用单元格参与计算时，如果公式的位置发生变动，那么所引用的单元格也将随之变动。绝对引用：使用绝对引用，无论将公式复制到哪里，引用的单元格都不会改变。混合引用：混合引用就是既包含相对引用，又包含绝对引用的单元格引用方式。混合引用具有绝对列和相对行、绝对行和相对列两种。

Q：如何自动求和？

A：选择需要求和的单元格区域，在 "公式" 选项卡中单击 "自动求和" 下拉按钮，从列表中选择 "求和" 选项，如图6-62所示，即可快速对所选单元格区域进行求和，如图6-63所示。

图6-62

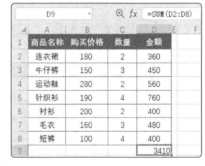

图6-63

Q：如何快速创建名称？

A：选择单元格区域，在 "公式" 选项卡中单击 "指定" 按钮，如图6-64所示。打开 "指定名称" 对话框，从中勾选 "首行" 复选框❶，单击 "确定" 按钮❷，即可以表格的首行创建名称❸，如图6-65所示。

图6-64

图6-65

第 7 章

做好数据分析很重要

在 WPS 表格中不仅可以对数据进行计算，还可以对数据进行各种分析操作，如排序、筛选、分类汇总、设置条件格式等，掌握这些操作可以极大提高工作效率。本章将对数据分析进行详细介绍。

7.1 使用条件格式

条件格式是根据条件使用数据条、色阶和图标集等，以更直观的方式显示单元格中的相关数据信息。下面将进行详细介绍。

7.1.1 使用"数据条""色阶"和"图标集"

使用"数据条""色阶"和"图标集"3种图形元素，可以按规则将选择区域内的数据标示出来，用户可以通过"条件格式"命令来实现，如图7-1所示。

图7-1

 [实操7-1] 为"利润额"添加数据条
[实例资源] \第7章\例7-1

使用数据条可以快速为一组数据插入底纹，并根据数值的大小自动调整长度。数值越大，数据条越长；数值越小，数据条越短。下面介绍具体的操作方法。

步骤 01 打开"例7-1.et"素材文件，选择H2:H20单元格区域，在"开始"选项卡中单击"条件格式"下拉按钮❶，从列表中选择"数据条"选项❷，并从其级联菜单中选择合适的样式❸，如图7-2所示。

步骤 02 完成上述操作后，即可为所选单元格区域添加数据条，如图7-3所示。

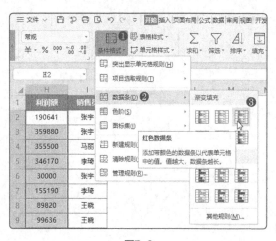

图7-2

	G	H	I
1	销售额	利润额	销售员
2	476841	190641	张宇
3	1199880	359880	张宇
4	948000	355500	马丽
5	1466520	346170	李琦
6	45000	30000	张宇
7	680190	155190	李琦
8	251820	89820	王晓
9	319124	99636	王晓
10	310400	145500	李琦
11	1117656	498456	张宇
12	251748	125748	李琦
13	623740	311740	王晓

图7-3

7.1.2 突出显示指定条件的数据

当需要突出显示指定条件的数据时，可以通过条件格式中的"突出显示单元格规则"命令来实现。

 [实操7-2] 将"销售量"小于100的数据突出显示出来
[实例资源] \第7章\例7-2

如果用户想要将小于100的销售量突出显示出来，则可以按照以下方法操作。

步骤 01 打开"例7-2.et"素材文件，选择 F2:F20 单元格区域，单击"条件格式"下拉按钮，从列表中选择"突出显示单元格规则"选项，并从其级联菜单中选择"小于"选项，如图7-4所示。

步骤 02 打开"小于"对话框，在"为小于以下值的单元格设置格式"文本框中输入"100"❶，在"设置为"下拉列表框中选择"浅红填充色深红色文本"选项❷，单击"确定"按钮，即可将小于100的销售量突出显示出来❸，如图7-5所示。

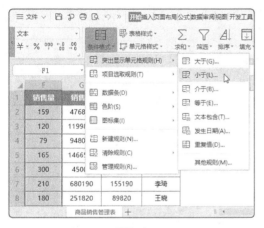

图7-4   图7-5

7.1.3 自定义条件规则

WPS表格内置的条件格式是有限的，用户可以自定义条件规则来创建满足个人需要的条件格式。

 [实操7-3] 用"小红旗"标示100万以上的"销售额"
[实例资源] \第7章\例7-3

微课视频

如果用户想要将"销售额"大于100万的数据用"小红旗"标示出来，则可以按照以下方法操作。

步骤 01 打开"例7-3.et"素材文件，选择 G2:G20 单元格区域，单击"条件格式"下拉按钮❶，从列表中选择"新建规则"选项❷，如图7-6所示。

步骤 02 打开"新建格式规则"对话框，在"格式样式"下拉列表框中选择"图标集"选项❶，在"根据以下规则显示各个图标"区域中设置"图标"❷、"值"❸和"类型"❹，单击"确定"按钮，如图7-7所示。

图7-6

图7-7

步骤 03 完成上述操作后，即可将"销售额"大于 100 万的数据用"小红旗"标示出来，如图 7-8 所示。

	D	E	F	G	H	I
1	成本价	销售价	销售量	销售额	利润额	销售员
2	1800	2999	159	476841	190641	张宇
3	7000	9999	120	⚑1199880	359880	张宇
4	7500	12000	79	948000	355500	马丽
5	6790	8888	165	⚑1466520	346170	李琦
6	50	150	300	45000	30000	张宇

图7-8

应用秘技

　　如果需要对条件格式进行编辑，则在"条件格式"列表中选择"管理规则"选项，在打开的"条件格式规则管理器"对话框中可以"新建规则""编辑规则""删除规则"，如图7-9所示。

图7-9

7.2 数据的排序

　　排序是指按照指定的顺序将数据重新排列组织，是数据整理的一种重要手段。下面将进行详细介绍。

7.2.1 单个字段排序

　　单个字段排序是指对表格中的某一列进行排序。用户在"数据"选项卡中单击"排序"下拉按钮，如果选择"升序"选项，则数据会按照从小到大的顺序排序；如果选择"降序"选项，则数据会按照从大到小的顺序排序，如图7-10所示。

图7-10

7.2.2 多个字段排序

多个字段排序是将工作表中的数据按照两个或两个以上的关键字进行排序。用户只需要在"排序"对话框中添加多个排序条件即可。

 [实操7-4] 对"商品类型"和"销售额"排序
[实例资源] \第7章\例7-4

微课视频

用户可以对"商品类型"和"销售额"进行"升序"排列。下面介绍具体的操作方法。

步骤01 打开"例7-4.et"素材文件，选择表格中的任意单元格，在"数据"选项卡中单击"排序"下拉按钮，从列表中选择"自定义排序"选项，如图7-11所示。

图7-11

步骤02 打开"排序"对话框，将"主要关键字"设置为"商品类型"❶，将"次序"设置为"升序"❷，单击"添加条件"按钮❸，如图7-12所示。

图7-12

步骤03 将"次要关键字"设置为"销售额"❶，将"次序"设置为"升序"❷，单击"确定"按钮，如图7-13所示。

步骤04 完成上述操作后，即可将"商品类型"和"销售额"进行"升序"排列，如图7-14所示。

图7-13

	A	B	C	D	E	F	G	H
1	商品编号	商品类型	商品名称	成本价	销售价	销售量	销售额	利润额
2	10000825	电脑	惠普战99	2100	3299	150	494850	179850
3	10002021	电脑	戴尔成就3690	2500	3239	210	680190	155190
4	ACP7750	电脑	苹果超薄750	7500	12000	79	948000	355500
5	20103003	电脑	联想天龙A20	1600	2888	387	1117656	498456
6	MD58464	家电	美的电冰箱	1700	3200	97	310400	145500
7	X12564	家电	小米电视	2888	4199	76	319124	99636
8	10001295	家电	TCL电视	1000	2999	150	449850	299850
9	2020P152	家电	创维电视	1800	2999	159	476841	190641

图7-14

第 **7** 章 做好数据分析很重要

7.2.3 根据自定义序列排序

在对数据排序时，如果已有的排序规则不能满足用户的需求，则还可以使用WPS表格提供的自定义序列规则进行排序。

 [实操7-5] 按照特定的类别进行排序
[实例资源] \第7章\例7-5

微课视频

如果用户想要按照"手机""电脑""数码""家电"的顺序进行排序，则可以按照以下方法操作。

步骤 01 打开"例 7-5.et"素材文件，选择表格中的任意单元格，打开"排序"对话框，将"主要关键字"设置为"商品类型"，单击"次序"下拉按钮，从下拉列表中选择"自定义序列"选项，如图 7-15 所示。

图7-15

步骤 02 打开"自定义序列"对话框，在"输入序列"文本框中输入"手机""电脑""数码""家电"❶，单击"添加"按钮❷，将其添加到"自定义序列"列表框中❸，单击"确定"按钮，如图 7-16 所示。

步骤 03 返回"排序"对话框，直接单击"确定"按钮，即可按照"手机""电脑""数码""家电"的顺序进行排序，如图 7-17 所示。

图7-16

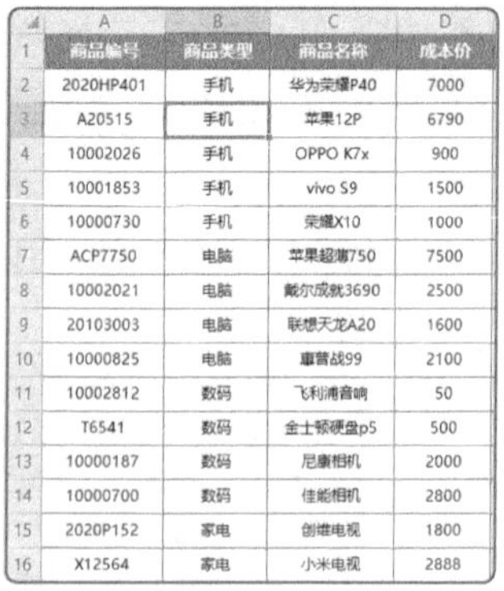

图7-17

7.2.4 按笔画排序

对汉字排序时，系统默认按拼音排序，用户也可以按照笔画对汉字进行排序，通过设置"排序选项"就可以实现。

 [实操7-6] 对"销售员"排序
[实例资源] \第7章\例7-6

例如，将姓名按照笔画进行"升序"排列。下面介绍具体的操作方法。

步骤 01 打开"例 7-6.et"素材文件，选择表格中的任意单元格，打开"排序"对话框，将"主要关键字"设置为"销售员"，将"次序"设置为"升序"，单击"选项"按钮，如图 7-18 所示。

步骤 02 打开"排序选项"对话框，从中选中"笔画排序"单选按钮，单击"确定"按钮，如图 7-19 所示。

步骤 03 返回"排序"对话框，直接单击"确定"按钮，即可将姓名按照笔画升序排列，如图 7-20 所示。

图7-18

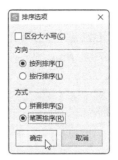

图7-19

	B	C	D	E	F	G	H	I
1	商品类型	商品名称	成本价	销售价	销售量	销售额	利润额	销售员
2	电脑	苹果超薄750	7500	12000	79	948000	355500	马丽
3	数码	尼康相机	2000	3399	150	509850	209850	马丽
4	家电	海尔电冰箱	2000	4399	250	1099750	599750	马丽
5	手机	vivo S9	1500	2699	200	539800	239800	马丽
6	手机	荣耀X10	1000	2399	320	767680	447680	马丽
7	手机	OPPO K7x	900	1399	180	251820	89820	王晓
8	家电	小米电视	2888	4199	76	319124	99636	王晓
9	家电	长虹电视	1200	2399	260	623740	311740	王晓
10	家电	TCL电视	1000	2999	150	449850	299850	王晓
11	手机	苹果12P	6790	8888	165	1466520	346170	李琦

图7-20

应用秘技

笔画排序的规则是，首先按照首字的笔画数来排序，如果首字的笔画数相同，则依次按第二字、第三字的笔画数来排序。

7.3 数据的筛选

当需要从大量数据中找到符合条件的数据时，可以使用筛选功能，用户可以按数字筛选、按文本特征筛选、模糊筛选、高级筛选等。下面进行详细介绍。

7.3.1 按数字筛选

按数字筛选就是对数值型数据进行筛选，通过"自动筛选"功能就可以实现，如图7-21所示。

图7-21

 [实操7-7] 筛选"成本价"小于等于1000的数据
[实例资源] \第7章\例7-7

当需要将"成本价"小于等于1000的数据筛选出来时，可以按照以下方法操作。

步骤 01 打开"例 7-7.et"素材文件，选择表格中的任意单元格，在"数据"选项卡中单击"自动筛选"按钮，如图 7-22 所示。

图7-22

图7-23

步骤 02 进入筛选状态，单击"成本价"筛选按钮❶，从面板中选择"数字筛选"选项❷，并选择"小于或等于"选项❸，如图 7-23 所示。

步骤 03 打开"自定义自动筛选方式"对话框，在"小于或等于"后面的文本框中输入"1000"，单击"确定"按钮，即可将"成本价"小于等于 1000 的数据筛选出来，如图 7-24 所示。筛选结果如图 7-25 所示。

图7-24

图7-25

新手提示

对数据进行筛选是将符合条件的数据筛选出来，而不符合条件的数据被隐藏起来了，并没有被删除。

7.3.2 按文本特征筛选

使用"自动筛选"功能不仅可以按数字筛选，还可以将符合某种特征的文本筛选出来。

 [实操7-8] 筛选"手机"信息
[实例资源] \第7章\例7-8

例如，将"商品类型"是"手机"的数据筛选出来。下面介绍具体的操作方法。

步骤 01 打开"例 7-8.et"素材文件，选择表格中的任意单元格，按【Ctrl+Shift+L】组合键，进入筛选状态，单击"商品类型"筛选按钮，在面板中选择"内容筛选"选项，在下方的文本框中输入"手机"，如图 7-26 所示。按【Enter】键确认，即可将"手机"数据筛选出来。

步骤 02 或者选择"文本筛选"选项，选择"等于"选项，如图 7-27 所示。

步骤 03 打开"自定义自动筛选方式"对话框，在"等于"后面的文本框中输入"手机"，单击"确定"按钮，即可将"商品类型"是"手机"的数据筛选出来，如图 7-28 所示。筛选结果如图 7-29 所示。

图7-26

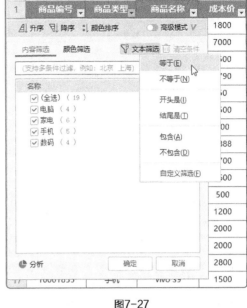

图7-27

图7-28

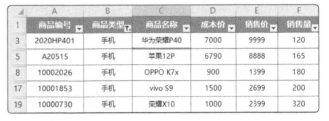

图7-29

应用秘技

如果想要清除筛选结果，则在"数据"选项卡中单击"自动筛选"按钮，取消其选中状态即可。

7.3.3 模糊筛选

如果要对指定形式或包含指定字符的文本进行筛选，则可以借助通配符进行模糊筛选。通配符有"？"和"*"，"？"代表单个字符，"*"代表多个字符。

[实操7-9] 筛选"商品名称"为电视的数据

[实例资源] \第7章\例7-9

可以使用"*"通配符将"商品名称"为"电视"的数据筛选出来。下面介绍具体的操作方法。

步骤 01 打开"例 7-9.et"素材文件，选择表格中的任意单元格，按【Ctrl+Shift+L】组合键进入筛选状态，单击"商品名称"筛选按钮❶，在面板中选择"文本筛选"选项❷，选择"自定义筛选"选项❸，如图 7-30 所示。

步骤 02 打开"自定义自动筛选方式"对话框，在"等于"后面的文本框中输入"*电视"❶，单击"确定"按钮❷，即可将"商品名称"为"电视"的数据筛选出来❸，如图 7-31 所示。

图7-30

图7-31

7.3.4 高级筛选

需要筛选出符合多个条件的数据时，要使用高级筛选功能。用户需要在表格的下方设置筛选条件，如图7-32所示。当条件都在同一行时，表示"与"关系；当条件不在同一行时，表示"或"关系。

	A	B	C
22	商品类型	销售量	利润额
23	家电	>100	
24			>400000

图7-32

 [实操7-10] 多条件筛选数据
[实例资源] \第7章\例7-10

例如，将"商品类型"为"家电"，"销售量"大于100，或者"利润额"大于40万的数据筛选出来。

步骤 01 打开"例7-10.et"素材文件，选择表格中的任意单元格，在"数据"选项卡中单击"高级筛选"按钮，如图7-33所示。

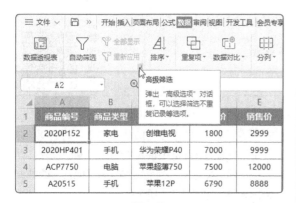

图7-33

步骤 02 打开"高级筛选"对话框，在"方式"区域中选中"在原有区域显示筛选结果"单选按钮❶，并设置"列表区域"❷和"条件区域"❸，单击"确定"按钮，如图7-34所示。

图7-34

应用秘技

"列表区域"表示要进行筛选的单元格区域，也就是整个数据表。"条件区域"表示包含指定筛选数据条件的单元格区域，也就是创建的筛选条件区域。

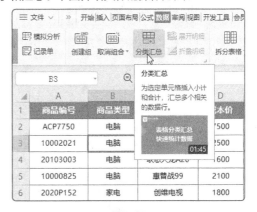

步骤 03 完成上述操作后，即可将符合条件的数据筛选出来，如图 7-35 所示。

商品编号	商品类型	商品名称	成本价	销售价	销售量	销售额	利润额	销售员
2020P152	家电	创维电视	1800	2999	159	476841	190641	张宇
20103003	电脑	联想天龙A20	1600	2888	387	1117656	498456	张宇
10001945	家电	长虹电视	1200	2399	260	623740	311740	王晓
10001536	家电	海尔电冰箱	2000	4399	250	1099750	599750	马丽
10000700	数码	佳能相机	2800	4799	250	1199750	499750	李琦
10001295	家电	TCL电视	1000	2999	150	449850	299850	王晓
10000730	手机	荣耀X10	1000	2399	320	767680	447680	马丽

商品类型	销售量	利润额
家电	>100	
		>400000

图7-35

新手提示

创建筛选条件时，其列标题必须与需要筛选的表格数据的列标题一致，否则无法筛选出正确的结果。

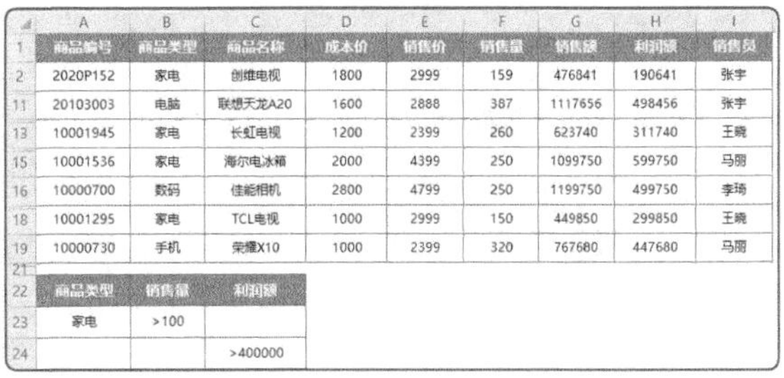

7.4 分类汇总数据

当需要对表格中的数据进行汇总时，可以使用"分类汇总"功能。下面进行详细介绍。

7.4.1 创建分类汇总

分类汇总是一种常用的分析工具，能够快速针对数据列表中指定的分类项进行关键指标的汇总计算，如求和、求平均值、求最大值、求最小值等。

[实操7-11] 按照"商品类型"分类汇总

[实例资源] \第7章\例7-11

用户可以按"商品类型"进行分类，对"销售额"进行求和汇总。下面介绍具体的操作方法。

步骤 01 打开"例 7-11.et"素材文件，选择"商品类型"列的任意单元格，在"数据"选项卡中单击"排序"下拉按钮，从列表中选择"升序"选项，如图 7-36 所示。

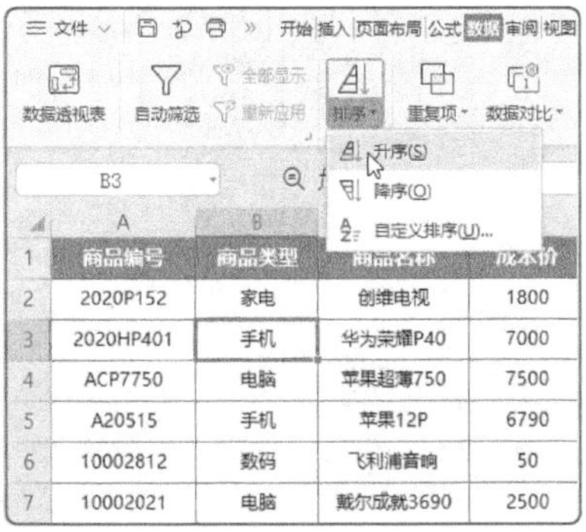

图7-36

步骤 02 在"数据"选项卡中单击"分类汇总"按钮，如图 7-37 所示。

图7-37

步骤 03 打开"分类汇总"对话框，将"分类字段"设置为"商品类型"❶，将"汇总方式"设置为"求和"❷，在"选定汇总项"列表框中勾选"销售额"复选框❸，单击"确定"按钮，如图 7-38 所示。即可对"商品类型"进行分类汇总，如图 7-39 所示。

图7-38

图7-39

7.4.2 创建嵌套分类汇总

如果用户需要对分类汇总之后的数据表进行多个字段的分类汇总，则可以将表格构成分类汇总的嵌套。嵌套分类汇总是一种多级的分类汇总。

 [实操7-12] 按照"商品类型"和"销售员"分类汇总
[实例资源] \第7章\例7-12

微课视频

用户可以按"商品类型"和"销售员"对"销售额"进行求和汇总。下面介绍具体的操作方法。

步骤 01 打开"例7-12.et"素材文件，选择表格的任意单元格，打开"排序"对话框，将"主要关键字"设置为"商品类型"，将"次要关键字"设置为"销售员"，并将"次序"均设置为"升序"，单击"确定"按钮，如图7-40所示。

图7-40

步骤 02 在"数据"选项卡中单击"分类汇总"按钮，打开"分类汇总"对话框，设置第一个字段"商品类型"，

如图7-41所示。再次打开"分类汇总"对话框，设置第二个字段"销售员"，并取消勾选"替换当前分类汇总"复选框，单击"确定"按钮即可，如图7-42所示。

图7-41   图7-42

7.4.3 创建分级显示

在WPS表格中，用户可以通过"创建组"功能分别创建行分级显示和列分级显示，如图7-43所示。

图7-43

 [实操7-13] 创建行分级显示
[实例资源] \第7章\例7-13

用户可以将选择的单元格区域关联起来，方便折叠或展开。下面介绍具体的操作方法。

步骤 01 打开"例 7-13.et"素材文件，选择单元格区域，在"数据"选项卡中单击"创建组"按钮，如图 7-44 所示。

图7-44

步骤 02 打开"创建组"对话框，从中选择"行"单选按钮，单击"确定"按钮，如图 7-45 所示。

图7-45

步骤 03 完成上述操作后，系统会自动显示所创建的行分级，如图 7-46 所示。

1 2		A	B	C	D	E	F	G	H
	1	商品编号	商品类型	商品名称	成本价	销售价	销售量	销售额	利润额
	2	ACP7750	电脑	苹果超薄750	7500	12000	79	948000	355500
	3	10002021	电脑	戴尔成就3690	2500	3239	210	680190	155190
	4	20103003	电脑	联想天龙A20	1600	2888	387	1117656	498456
	5	10000825	电脑	惠普战99	2100	3299	150	494850	179850
	6	2020P152	家电	创维电视	1800	2999	159	476841	190641
	7	X12564	家电	小米电视	2888	4199	76	319124	99636

图7-46

 应用秘技

当用户不需要在工作表中显示分级显示时，可以在"数据"选项卡中单击"取消组合"下拉按钮，从列表中选择"清除分级显示"选项即可，如图7-47所示。

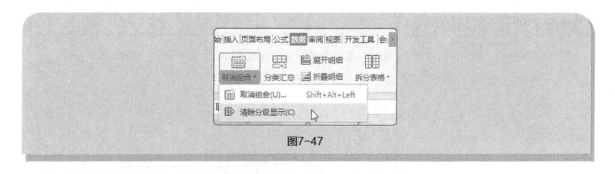

图7-47

7.5 数据透视表的应用

使用数据透视表可以快速汇总、分析大量的数据，并可以随时查看源数据的不同统计结果。下面进行详细介绍。

7.5.1 创建数据透视表

数据透视表是一种可以快速汇总大量数据的交互式的表，使用它可以深入分析数值数据。使用"数据透视表"命令可以创建数据透视表，如图7-48所示。

图7-48

 [实操7-14] 创建空白数据透视表
[实例资源] \第7章\例7-14

创建数据透视表非常简单，下面介绍具体的操作方法。

步骤 01 打开"例7-14.et"素材文件，选择表格的任意单元格，在"数据"选项卡中单击"数据透视表"按钮，如图7-49所示。

步骤 02 打开"创建数据透视表"对话框，保持默认设置，单击"确定"按钮，如图7-50所示。

图7-49

图7-50

步骤 03 完成上述操作后，即可在新的工作表中创建一个空白数据透视表，同时弹出"数据透视表"窗格，如图 7-51 所示。

图7-51

7.5.2 添加字段

创建空白数据透视表后，用户需要为其添加字段，可以选择自动添加或手动添加。

自动添加。用户需要在"数据透视表"窗格的"字段列表"列表框中勾选需要的字段❶，被勾选的字段将自动出现在"数据透视表区域"的"行"列表框❷或"值"列表框中❸，如图7-52所示。同时，相应的字段也被添加到数据透视表中，如图7-53所示。

图7-52

3	商品类型 ▼	商品名称 ▼	求和项:销售量	求和项:销售额	求和项:利润额
4	⊟电脑		826	3240696	1188996
5		戴尔成就3690	210	680190	155190
6		惠普战99	150	494850	179850
7		联想天龙A20	387	1117656	498456
8		苹果超薄750	79	948000	355500
9	⊟家电		992	3279705	1647117
10		TCL电视	150	449850	299850
11		创维电视	159	476841	190641
12		海尔电冰箱	250	1099750	599750
13		美的电冰箱	97	310400	145500
14		小米电视	76	319124	99636
15		长虹电视	260	623740	311740
16	⊟手机		985	4225700	1483350
17		OPPO K7x	180	251820	89820
18		vivo S9	200	539800	239800
19		华为荣耀P40	120	1199880	359880
20		苹果12P	165	1466520	346170
21		荣耀X10	320	767680	447680
22	⊟数码		952	2006348	865348
23		飞利浦音响	300	45000	30000
24		佳能相机	250	1199750	499750
25		金士顿硬盘p5	252	251748	125748
26		尼康相机	150	509850	209850
27	总计		3755	12752449	5184811

图7-53

手动添加。在"字段列表"列表框中选择字段，如图7-54所示。按住鼠标左键不放，将其拖至"行"列表框或"值"列表框中，如图7-55所示。所选字段将出现在数据透视表中，如图7-56所示。

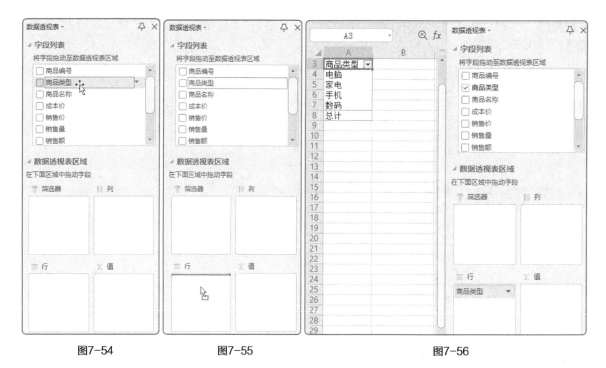

图7-54　　　　　　　图7-55　　　　　　　　　　　图7-56

7.5.3　更改值汇总方式

通常，数据透视表中的值字段都是以求和汇总方式显示，用户可以通过"字段设置"命令设置值汇总方式，如图7-57所示。

图7-57

 [实操7-15]　将求和更改为最大值汇总方式
[实例资源]　\第7章\例7-15

例如，将"求和项:销售量"的求和汇总方式更改为最大值汇总方式。下面介绍具体的操作方法。

步骤 01　打开"数据透视表.et"素材文件，将"销售量"字段再次拖至"值"列表框中，如图7-58所示。增加一个新的字段"求和项:销售量2"，如图7-59所示。

步骤 02　选择"求和项:销售量2"字段标题，在"分析"选项卡中单击"字段设置"按钮，如图7-60所示。

所示。

步骤 03　打开"值字段设置"对话框，在"值字段汇总方式"列表框中选择"最大值"选项，单击"确定"按钮，如图7-61所示。

步骤 04　完成上述操作后，即可将求和汇总方式更改为最大值汇总方式，如图7-62所示。

图7-58

图7-60

图7-61

	A	B	C	D	E
3	商品类型	商品名称	求和项:销售量	求和项:销售量2	求和项:销售额
4	电脑		826	826	3240696
5		戴尔成就3690	210	210	680190
6		惠普战99	150	150	494850
7		联想天龙A20	387	387	1117656
8		苹果超薄750	79	79	948000
9	家电		992	992	3279705
10		TCL电视	150	150	449850
11		创维电视	159	159	476841
12		海尔电冰箱	250	250	1099750
13		美的电冰箱	97	97	310400
14		小米电视	76	76	319124
15		长虹电视	260	260	623740
16	手机		985	985	4225700
17		OPPO K7x	180	180	251820
18		vivo S9	200	200	539800
19		华为荣耀P40	120	120	1199880
20		苹果12P	165	165	1466520
21		荣耀X10	320	320	767680
22	数码		952	952	2006348
23		飞利浦音响	300	300	45000
24		佳能相机	250	250	1199750
25		金士顿硬盘p5	252	252	251748
26		尼康相机	150	150	509850
27	总计		3755	3755	12752449

图7-59

图7-62

7.5.4 使用"切片器"筛选数据

数据透视表的切片器实际上是以一种图形化的筛选方式，单独为数据透视表中的每个字段创建一个选取器，浮动于数据透视表之上，通过对选取器中字段项的筛选，实现比字段下拉列表筛选按钮更加方便、灵活的筛选功能。

[实操7-16] 筛选"商品类型"
[实例资源] \第7章\例7-16

微课视频

用户可以使用"切片器"将"商品类型"为"家电"的数据筛选出来。下面介绍具体的操作方法。

步骤 01 打开"数据透视表.et"素材文件，打开"分析"选项卡，单击"插入切片器"按钮，如图7-63所示。

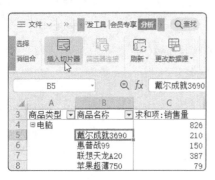

图7-63

步骤 02 打开"插入切片器"对话框，从中勾选"商品类型"复选框，单击"确定"按钮，如图7-64所示。

图7-64

步骤 03 完成上述操作后，即可在数据透视表中插入一个切片器，如图7-65所示。在切片器中单击选择"家电"选项，将"商品类型"为"家电"的数据筛选出来，如图7-66所示。

图7-65

图7-66

实战演练　分析生产订单报表

下面通过分析生产订单报表，来温习和巩固前面所学知识，具体操作步骤如下。

微课视频

步骤 01 打开"生产订单报表.et"素材文件，选择 H2 单元格，输入公式"=F2-G2"，按【Enter】键确认，计算"未生产数"，并向下填充公式，如图7-67所示。

	D	E	F	G	H
1	规格	单位	订单数量	已生产数	未生产数
2	LK909	个	2000	2000	0
3	LK910	个	2001	1890	111
4	LK911	个	2002	2002	0
5	LK912	个	2003	1666	337
6	LK913	个	2004	2004	0
7	LK914	个	2005	2005	0
8	LK915	个	2006	1806	200
9	LK916	个	2007	1807	200

图7-67

步骤 02 选择 I2 单元格，输入公式"=G2/F2"，按【Enter】键确认，计算"完成率"，并向下填充公式，如图7-68所示。

	E	F	G	H	I
1	单位	订单数量	已生产数	未生产数	完成率
2	个	2000	2000	0	100%
3	个	2001	1890	111	94%
4	个	2002	2002	0	100%
5	个	2003	1666	337	83%
6	个	2004	2004	0	100%
7	个	2005	2005	0	100%
8	个	2006	1806	200	90%
9	个	2007	1807	200	90%

图7-68

步骤 03 选择 J2 单元格，输入公式"=IF(I2=100%,"已完成","未完成")"，按【Enter】键确认，判断是否完成，并向下填充公式，如图 7-69 所示。

图7-69

步骤 04 选择 I2:I16 单元格区域，在"开始"选项卡中单击"条件格式"下拉按钮❶，从列表中选择"数据条"选项❷，并选择合适的样式❸，如图 7-70 所示。

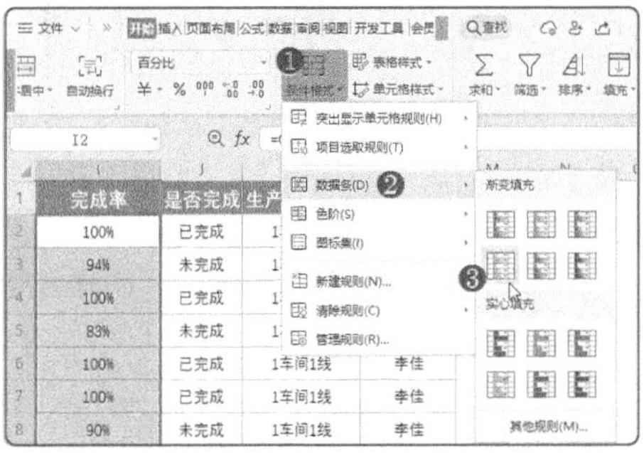

图7-70

步骤 05 选择 J2:J16 单元格区域，单击"条件格式"下拉按钮，从列表中选择"新建规则"选项，如图 7-71 所示。

图7-71

步骤 06 打开"新建格式规则"对话框，在"选择规则类型"列表框中选择"只为包含以下内容的单元

格设置格式"选项❶，设置"单元格值"等于"已完成"❷，单击"格式"按钮❸，如图 7-72 所示。

图7-72

步骤 07 打开"单元格格式"对话框，选择"图案"选项卡❶，并选择合适的单元格底纹颜色❷，单击"确定"按钮，如图 7-73 所示。

图7-73

步骤 08 返回"新建格式规则"对话框，直接单击"确定"按钮，将"已完成"的单元格突出显示出来，如图 7-74 所示。

图7-74

疑难解答

Q：如何清除分类汇总？

A：打开"分类汇总"对话框，直接单击"全部删除"按钮，即可清除分类汇总，如图7-75所示。

Q：如何移动字段？

A：在"数据透视表区域"的"行"列表框中或"值"列表框中，单击字段下拉按钮，从列表中选择合适的选项即可，如图7-76所示。或者在"行"列表框或"值"列表框中单击选择字段，然后按住鼠标左键不放，将其拖动到目标位置即可，如图7-77所示。

图7-75　　　　　　　　　　图7-76　　　　　　　　　　图7-77

Q：如何修改字段名称？

A：选择数据透视表中的标题字段，如"求和项:销售量"，如图7-78所示。在"编辑栏"中输入新标题"销量"，如图7-79所示，按【Enter】键确认即可。

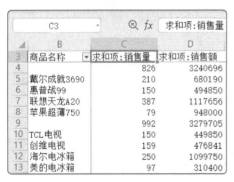
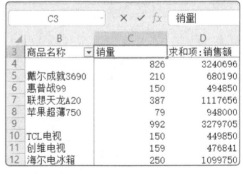

图7-78　　　　　　　　　　　　　　　　图7-79

Q：如何删除切片器？

A：选择切片器，按【Delete】键，可以将切片器删除。

第 8 章

图表应用全掌握

图表是一种生动描述数据的方式，可以使数据更加直观、形象地表现出来。在 WPS 表格中，用户使用图表功能可以轻松创建各种类型的图表。本章将对图表和数据透视图的创建进行详细介绍。

8.1 创建图表

图表是数据的图形化展示，WPS表格提供了多种图表类型，用户可以根据需要进行创建。下面进行详细介绍。

8.1.1 认识图表类型

WPS表格内置了9种图表类型，包括柱形图、折线图、饼图、条形图、面积图、XY（散点图）、股价图、雷达图、组合图等，如图8-1所示。

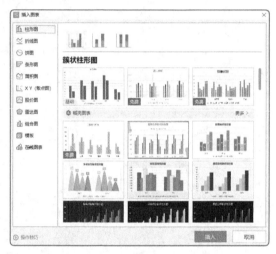

图8-1

其中，使用频率较高的是柱形图、折线图、饼图和条形图。

柱形图： 常用于比较多个类别的数据。

条形图： 适合比较多个类别的数值大小，常用于表现排行名次。

饼图： 常用来表达一组数据的百分比占比关系。

折线图： 主要用来表现趋势，侧重于表现数据点的数值随时间推移的大小变化。

8.1.2 插入图表

插入图表基本上分为两大步骤，首先选中数据区域，然后插入图表。用户可以通过"插入图表"对话框创建图表，也可以通过"功能区"创建图表，如图8-2所示。

图8-2

[实操8-1] 插入柱形图

[实例资源] \第8章\例8-1

微课视频

下面介绍如何通过"插入图表"对话框创建柱形图。

步骤 01 打开"例 8-1.et"素材文件，选择数据区域，在"插入"选项卡中单击"全部图表"下拉按钮，从列表中选择"全部图表"选项，如图 8-3 所示。

区域❶，然后选择"簇状柱形图"❷，单击"插入"按钮❸，如图 8-4 所示。

图8-3

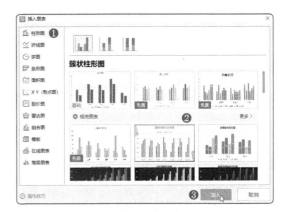

图8-4

步骤 02 打开"插入图表"对话框，选择"柱形图"

步骤 03 完成上述操作后，即可插入一个簇状柱形图，如图 8-5 所示。

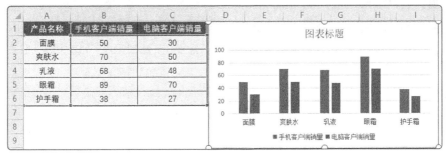

图8-5

应用秘技

选择数据区域后，按【Alt+F1】组合键，可快速在数据所在的工作表中创建一个图表。

8.1.3 更改图表类型

当用户对插入的图表不满意时，可以通过"更改类型"命令更改图表的类型，如图8-6所示。

图8-6

 [实操8-2] 将折线图更改为柱形图
[实例资源] \第8章\例8-2

微课视频

由于创建的折线图不适合展示成交量对比，因此需要将其更改为柱形图。下面介绍具体的操作方法。

步骤 01 打开"例8-2.et"素材文件，选择折线图，在"图表工具"选项卡中单击"更改类型"按钮，如图8-7所示。

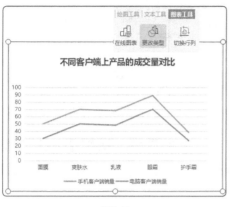

图8-7

步骤 02 打开"更改图表类型"对话框，选择合适的柱形图，单击"插入"按钮，即可将折线图更改为柱形图，如图8-8所示。

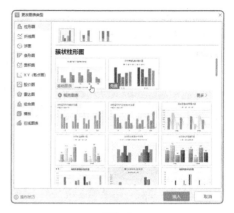

图8-8

8.1.4 添加图表元素

创建图表后，在图表中将默认显示"图表标题""水平轴""垂直轴""图例"等元素。用户可以根据需要为图表添加其他元素，如数据标签、网格线、趋势线等。只需要在"添加元素"列表中进行相关设置即可，如图8-9所示。

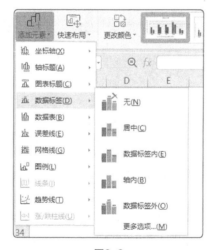

图8-9

[实操8-3] 为柱形图添加图表元素
[实例资源] \第8章\例8-3

微课视频

单击图表右上角的"图表元素"按钮也可以添加图表元素。下面介绍具体的操作方法。

步骤 01 打开"例8-3.et"素材文件，选择图表，单击"图表元素"按钮❶，在"图表元素"面板中勾选"数据标签"复选框❷，并从其级联菜单中选择"数据标签外"选项❸，即可为图表添加数据标签，如图8-10所示。

步骤 02 在"图表元素"面板中勾选"图例"复选框❶，并从其级联菜单中选择"上部"选项❷，即可将图例移至图表上方，如图8-11所示。

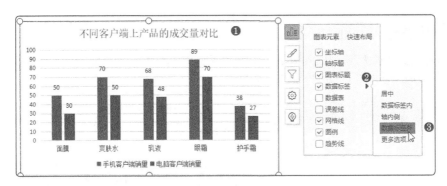

图8-10

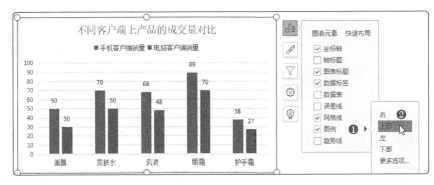

图8-11

步骤 03 在"图表元素"面板中取消勾选"网格线"复选框,即可隐藏网格线,如图 8-12 所示。

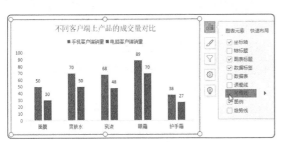

图8-12

步骤 04 在"图表元素"面板中勾选"趋势线"复选框❶,并选择"线性预测"选项❷,如图 8-13 所示。

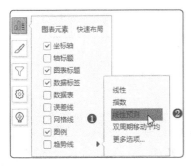

图8-13

步骤 05 打开"添加趋势线"对话框,选择"手机

客户端销量"选项,单击"确定"按钮,如图 8-14 所示,即可为图表添加趋势线,如图 8-15 所示。

图8-14

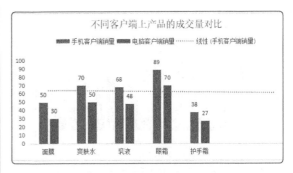

图8-15

8.1.5 | 美化图表

为了使图表看起来更加美观，用户可以更改系列颜色和图表样式来美化图表。WPS表格预设了多种图表样式（见图8-16）和系列颜色（见图8-17），直接套用即可。

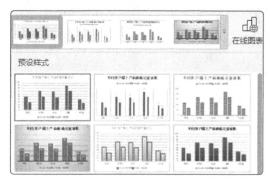

图8-16   图8-17

[实操8-4] 填充数据系列
[实例资源] \第8章\例8-4

可以对数据系列做一些可视化的修饰，如为数据系列填充"手机"图片。下面介绍具体的操作方法。

步骤 01 打开"例8-4.et"素材文件，选择"手机"图片，按【Ctrl+C】组合键进行复制，如图8-18所示。

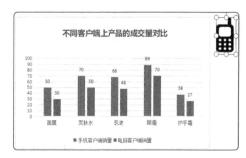

图8-18

步骤 02 选择"手机客户端销量"系列，单击鼠标右键，从弹出的快捷菜单中选择"设置数据系列格式"命令，如图8-19所示。

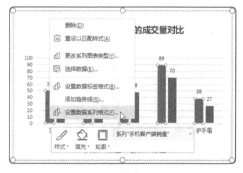

图8-19

步骤 03 打开"属性"窗格，选择"填充与线条"区域❶，在"填充"区域中选中"图片或纹理填充"单选按钮❷，单击"图片填充"下拉按钮，从下拉列表中选择"剪贴板"选项❸，将"手机"图片填充到数据系列中，但图片会发生变形，如图8-20所示。

步骤 04 在"填充"区域下方选中"层叠"单选按钮，如图8-21所示。

图8-20   图8-21

步骤 05 完成上述操作后，发生变形的"手机"图片将层叠显示，如图8-22所示。

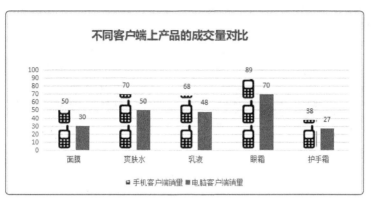

不同客户端上产品的成交量对比

图8-22

应用秘技

如果用户想要快速更改图表的布局，则在"图表工具"选项卡中单击"快速布局"下拉按钮，从列表中选择合适的布局样式即可，如图8-23所示。

图8-23

8.2 创建数据透视图

数据透视图是数据透视表内数据的一种表现方式。它通过图形的方式直观地、形象地展示数据。

8.2.1 直接创建数据透视图

当数据透视表尚未创建时，用户可以通过"数据透视图"命令根据数据源表直接创建数据透视图。

[实操8-5] 创建"商品销售"数据透视图
[实例资源] \第8章\例8-5

下面介绍如何根据数据源表直接创建数据透视图。

步骤 01 打开"例 8-5.et"素材文件，选择表格中的任意单元格，在"插入"选项卡中单击"数据透视图"按钮，如图 8-24 所示。

步骤 02 打开"创建数据透视图"对话框，单击"确定"按钮，如图 8-25 所示。

图8-24

图8-25

步骤 03 完成上述操作后，在新的工作表中将创建一个空白的数据透视表和数据透视图，如图 8-26 所示。

图8-26

步骤 04 在"字段列表"列表框中勾选"商品类型""销售额"和"利润额"字段，即可创建数据透视表，并同时生成相应的数据透视图，如图 8-27 所示。

图8-27

8.2.2 移动数据透视图

数据透视图与普通图表一样，可以根据需要移动到当前工作表之外的其他工作表中。通过"移动图表"命令就可以实现。

[实操8-6] 将数据透视图移动到其他工作表
[实例资源] \第8章\例8-6

用户可以通过功能菜单移动数据透视图。下面介绍具体的操作方法。

步骤 01 打开"数据透视图 .et"素材文件，在"图表工具"选项卡中单击"移动图表"按钮，如图 8-28 所示。

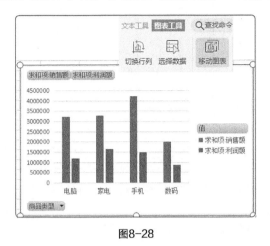

图8-28

步骤 02 打开"移动图表"对话框，选中"对象位于"单选按钮，单击其下拉按钮，从下拉列表中选择需要移动到的位置，这里选择"商品销售管理表"，单击"确定"按钮，即可将数据透视图移动到"商品销售管理表"工作表中，如图 8-29 所示。

图8-29

8.2.3 | 设置数据系列间距

一般在柱形图中，图表中的柱形就是数据系列。用户可以根据需要调整数据系列的间距，如设置系列重叠和分类间距等。

选择数据系列，单击鼠标右键，从弹出的快捷菜单中选择"设置数据系列格式"命令，如图8-30所示。打开"属性"窗格，在"系列"区域中可以设置"系列重叠"和"分类间距"，如图8-31所示。

其中，向右拖动"系列重叠"滑块，系列之间的间距变小直至重叠；向左拖动滑块，系列之间的间距变大。

向右拖动"分类间距"滑块，分类之间的间距变大；向左拖动滑块，分类之间的间距变小。

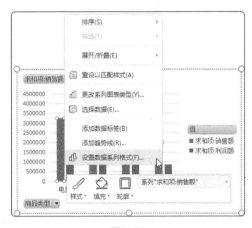

图8-30

图8-31

8.2.4 | 显示或隐藏数据透视图字段按钮

在数据透视图中设计了字段按钮，以便用户对数据透视图进行条件选择。使用"字段按钮"命令，可以显示或隐藏数据透视图字段按钮。

[实操8-7] 显示或隐藏字段按钮
[实例资源] \第8章\例8-7

用户可以根据需要显示或隐藏字段按钮，下面介绍具体的操作方法。

步骤 01 打开"例 8-7.et"，选择数据透视图，在"分析"选项卡中单击"字段按钮"，取消其选中状态，即可隐藏数据透视图的字段按钮，如图 8-32 所示。

步骤 02 再次单击"字段按钮"，可将其显示出来。

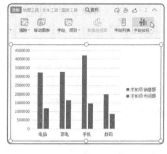

图8-32

8.2.5 刷新数据透视图

当创建数据透视图的数据源中的数据发生变动后，需要刷新数据透视图才会得到最新的数据信息。刷新数据透视图有以下3种方法。

方法一： 选择数据透视图，在"分析"选项卡中单击"刷新"按钮即可，如图8-33所示。

图8-33

方法二： 选择数据透视图，单击鼠标右键，从弹出的快捷菜单中选择"数据透视图选项"命令，如图8-34所示。打开"数据透视表选项"对话框，选择"数据"选项卡，勾选"打开文件时刷新数据"复选框，单击"确定"按钮，如图8-35所示。

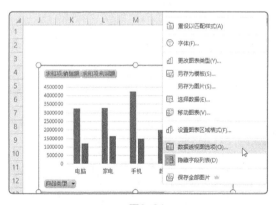

图8-34

图8-35

方法三： 选择数据透视图，按【Alt+F5】组合键，也可以快速刷新数据透视图。

实战演练 制作销售分析图表

微课视频

下面通过制作销售分析图表，来温习和巩固前面所学知识，具体操作步骤如下。

步骤 01 打开"片区半年销售额对比分析 .et"素材文件，选择 A1:D8 单元格区域，在"插入"选项卡中单击"全部图表"下拉按钮，从列表中选择"全部图表"选项，如图 8-36 所示。

步骤 02 打开"插入图表"对话框，选择"组合图"区域❶，将"同比去年增长率"的"图表类型"设置为"带数据标记的折线图"❷，勾选"次坐标轴"复选框❸，单击"插入"按钮，如图 8-37 所示。

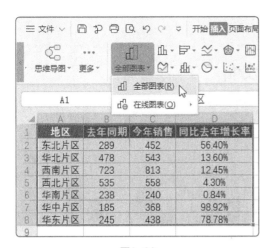

图8-36

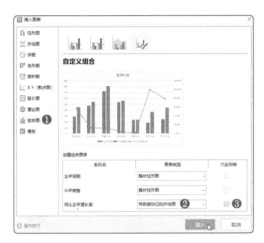

图8-37

步骤 03 选择图表，输入图表标题，并设置标题的字体格式，如图 8-38 所示。

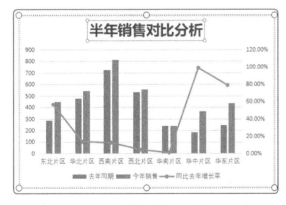

图8-38

步骤 04 选择图表，在"图表工具"选项卡中单击"添加元素"下拉按钮❶，从列表中选择"网格线"选项❷，并从其级联菜单中选择"主轴主要垂直网格线"选项❸，如图 8-39 所示。

图8-39

步骤 05 单击"更改颜色"下拉按钮，从列表中选择合适的颜色，如图 8-40 所示。

步骤 06 选择"绘图区"，在"绘图工具"选项卡中单击"填充"下拉按钮，从列表中选择合适的颜色，如图 8-41 所示。

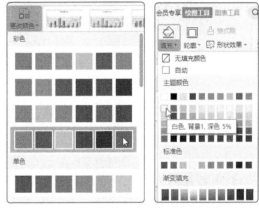

图8-40   图8-41

步骤 07 打开"图表工具"选项卡，单击"添加元素"下拉按钮❶，从列表中选择"图例"选项❷，并从其级联菜单中选择"顶部"选项❸，如图 8-42 所示。

图8-42

步骤 08 调整图表的大小，并适当调整布局，如图 8-43 所示。

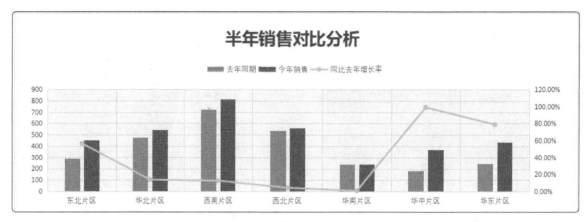

图8-43

疑难解答

Q：如何切换行列？

A：选择图表，在"图表工具"选项卡中单击"切换行列"按钮，如图8-44所示，即可交换坐标轴上的数据。

图8-44

Q：如何为图表设置背景图片？

A：选择图表，单击鼠标右键，从弹出的快捷菜单中选择"设置图表区域格式"命令，如图8-45所示。打开"属性"窗格，在"填充"区域中选中"图片或纹理填充"单选按钮，单击"图片填充"下拉按钮，从下拉列表中选择"本地文件"选项，如图8-46所示。打开"选择纹理"对话框，从中选择合适的图片即可，如图8-47所示。

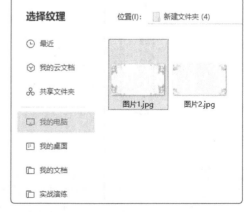

图8-45　　　　　　　　　图8-46　　　　　　　　　图8-47

Q: 如何删除数据系列?

A: 选择图表,在"图表工具"选项卡中单击"选择数据"按钮,打开"编辑数据源"对话框,在"系列"列表框中选择需要删除的系列,单击"删除"按钮即可,如图8-48所示。

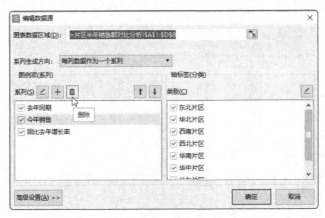

图8-48

第9章

让幻灯片"亮"起来

在演讲、宣传和教学中，通常会用到演示文稿。一份出色的演示文稿可以快速吸引观众的注意力，真正起到辅助作用。本章将对演示文稿的基础操作、幻灯片的基本操作、各类元素的设计等进行详细介绍。

9.1 演示文稿基础操作

在制作演示文稿之前，用户需要掌握演示文稿的一些基础操作，下面进行详细介绍。

9.1.1 创建带模板的演示文稿

除了创建空白演示文稿外，用户还可以创建带模板的演示文稿。WPS演示内置了多个主题模板，用户在"新建"界面中就可以创建，如图9-1所示。

图9-1

 [实操9-1] 创建"垃圾分类"宣传模板
[实例资源] \第9章\例9-1

创建一个模板演示文稿后，用户可以直接在模板上修改，节省大量时间。下面介绍如何创建"垃圾分类"宣传模板。

步骤 01 打开"WPS Office"界面，单击"新建"按钮，如图 9-2 所示。

图9-2

步骤 02 进入"新建"界面，在搜索框中输入"垃圾分类"，按【Enter】键确认，搜索出相关模板，

在需要的模板上方单击"使用模板"按钮，如图 9-3 所示。

图9-3

步骤 03 完成上述操作后，即可创建一个模板演示文稿，如图9-4所示。

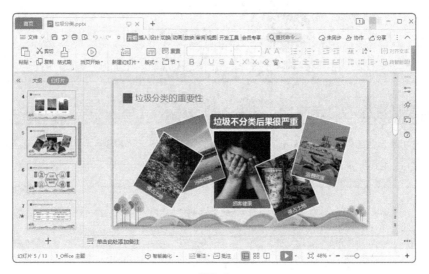

图9-4

9.1.2 设置演示文稿的视图

演示文稿默认的视图为"普通视图"，用户可以将视图调整为"幻灯片浏览"视图或"阅读视图"，只需要在"视图"选项卡中设置即可，如图9-5所示。

图9-5

1. 普通视图

在普通视图下，将鼠标指针移至编辑区上方，滚动鼠标滚轮可查看幻灯片的内容。

2. 幻灯片浏览视图

在幻灯片浏览视图下可以对演示文稿中的所有幻灯片进行查看或重新排列，如图9-6所示。在"视图"选项卡中单击"幻灯片浏览"按钮，可进入幻灯片浏览视图。

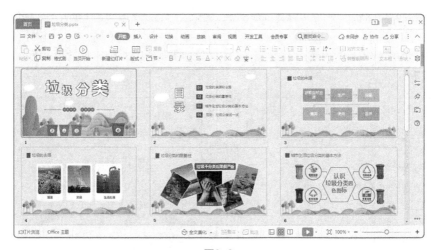

图9-6

3. 阅读视图

在阅读视图下，用户可以查看幻灯片中的动画和切换效果，而无须切换到全屏幻灯片放映，如图9-7所示。在"视图"选项卡中单击"阅读视图"按钮，可进入阅读视图。

图9-7

应用秘技

当演示文稿处于幻灯片浏览视图或阅读视图时，如果想要恢复到默认的普通视图，则在状态栏中单击"普通视图"按钮即可，如图9-8所示。

图9-8

9.2 幻灯片基本操作

演示文稿通常包含多张幻灯片，所以掌握幻灯片的操作也非常重要。下面进行详细介绍。

9.2.1 快速创建幻灯片

创建幻灯片的方法有很多，常用的方法有以下3种。

方法一： 通过"新建幻灯片"命令创建。在"开始"选项卡中单击"新建幻灯片"下拉按钮，从打开的列表中选择一种合适的版式即可，如图9-9所示。

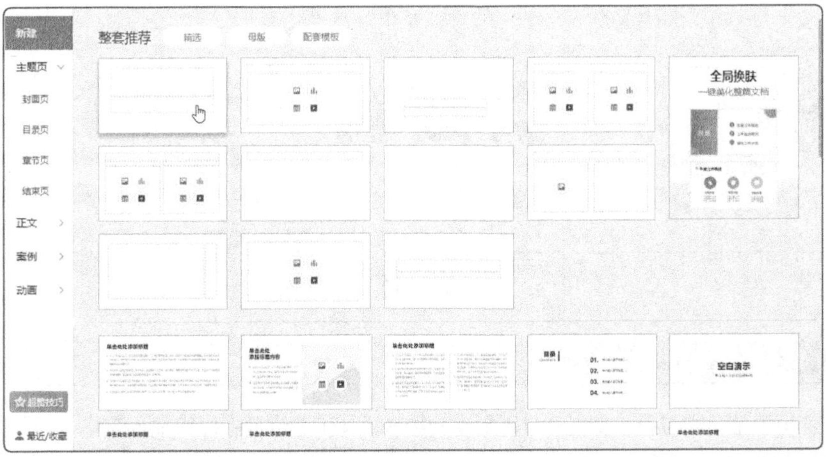

图9-9

方法二：通过右键菜单创建。选择幻灯片，单击鼠标右键，从弹出的快捷菜单中选择"新建幻灯片"命令即可，如图9-10所示。

图9-10

方法三：通过快捷键创建。选择幻灯片，按【Enter】键，即可快速创建一张幻灯片。

应用秘技

如果用户需要删除幻灯片，则选择幻灯片后，直接按【Delete】键即可。

9.2.2 调整幻灯片的顺序

如果需要对幻灯片的前后顺序进行调整，则可以移动幻灯片。选择幻灯片后，按住鼠标左键不放，将其拖至需要移动到的位置后释放鼠标左键即可。

此外，用户也可以在幻灯片浏览视图下移动幻灯片，如图9-11所示。

图9-11

9.2.3 在幻灯片中输入文本

新建的幻灯片一般带有占位符，如图9-12所示。用户可以在占位符中直接输入文本，只需要将光标插入占位符中，输入相关文本即可，如图9-13所示。

图9-12　　　　　　　　　　　　　　　　图9-13

此外，用户也可以在幻灯片中绘制文本框，在文本框中输入文本内容。只需要在"插入"选项卡中单击"文本框"下拉按钮，从列表中选择"横向文本框"或"竖向文本框"，如图9-14所示，然后在幻灯片中绘制文本框，最后输入内容即可，如图9-15所示。

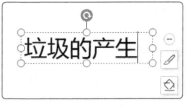

图9-14　　　　　　　　　　　　图9-15

9.2.4　设置幻灯片页面大小

通常，幻灯片默认大小为"宽屏（16：9）"，如果用户想将幻灯片页面设置为其他尺寸，则可以在"页面设置"对话框中自定义幻灯片大小，如图9-16所示。

其中，单击"幻灯片大小"下拉按钮，可以选择幻灯片内置尺寸，如A3、A4、横幅等；在"宽度"和"高度"数值框中可以自定义幻灯片大小；在"方向"区域中可以设置幻灯片"纵向"或"横向"显示。

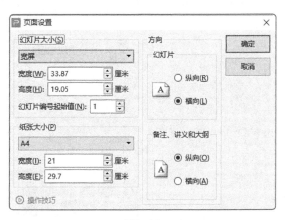

图9-16

　[实操9-2]　自定义幻灯片大小
　[实例资源]　\第9章\例9-2

如果需要在手机上放映幻灯片，则要将幻灯片尺寸设置为与手机屏幕相同大小。下面介绍具体的操作方法。

步骤 01 新建空白幻灯片，打开"设计"选项卡，单击"幻灯片大小"下拉按钮❶，从列表中选择"自定义大小"选项❷，打开"页面设置"对话框，在"幻灯片大小"下拉列表中选择"自定义"选项❸，将"宽度"设置为"7.2"，将"高度"设置为"12.8"❹，单击"确定"按钮，如图 9-17 所示。

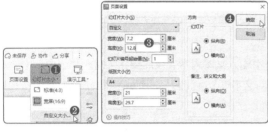

图9-17

步骤 02 弹出"页面缩放选项"对话框，单击"确保适合"按钮即可，如图 9-18 所示。

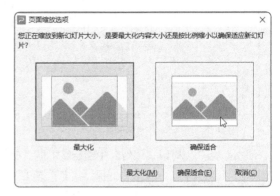

图9-18

9.2.5 设置幻灯片背景

默认情况下，幻灯片的背景为白色，用户可以根据需要为幻灯片的背景设置"纯色填充""渐变填充""图片或纹理填充""图案填充"等。只需在"设计"选项卡中单击"背景"下拉按钮，选择"背景"选项，如图9-19所示。

新手提示

设置幻灯片背景后，该背景只应用于当前幻灯片。如果想对其他幻灯片也应用相同的背景，则在"对象属性"窗格中单击"全部应用"按钮。

图9-19

在"对象属性"窗格中可以进行对象属性的设置，如图9-20所示。

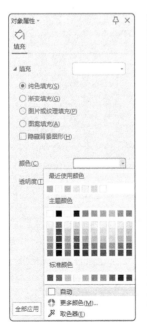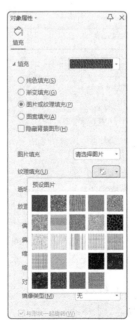

图9-20

9.3 应用各类设计元素

　　用户可以使用文本、图片、形状、表格、智能图形以及音频与视频等元素来丰富幻灯片内容。下面进行详细介绍。

9.3.1 文本元素的应用

　　用户在文本框中输入文本后，可以在"文本工具"选项卡中对文本进行编辑和变化，如图9-21所示。

图9-21

 [实操9-3] 设计"垃圾分类"封面标题
[实例资源] \第9章\例9-3

　　用户可以设置文本的填充和轮廓来设计封面标题。下面介绍具体的操作方法。

步骤 01 打开"垃圾分类.dps"素材文件，在"插入"选项卡中单击"文本框"下拉按钮，从列表中选择"横向文本框"选项，在幻灯片中绘制一个文本框，如图9-22所示。

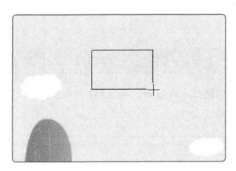

图9-22

步骤 02 在文本框中输入"垃"，并将"字体"设置为"微软雅黑"，将"字号"设置为"115"，加粗显示，效果如图9-23所示。

图9-23

步骤 03 选择文本框，在"文本工具"选项卡中单击"文本填充"下拉按钮❶，从列表中选择"白色，背景1"❷，如图9-24所示。

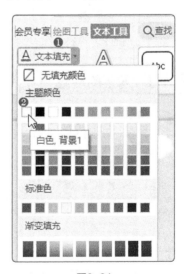

图9-24

步骤 04 单击"文本轮廓"下拉按钮❶，从列表中选择合适的轮廓颜色❷，再次打开该下拉列表，选择"线型"选项❸，并选择"2.25磅"❹，如图9-25所示。

步骤 05 选择文本框，分别按【Ctrl+C】和【Ctrl+V】组合键进行复制粘贴，并更改粘贴文本的填充颜色，如图9-26所示。

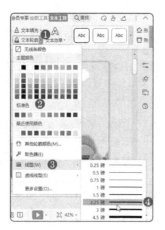

图9-25

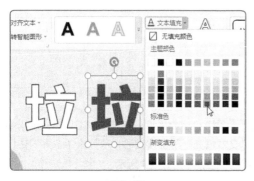

图9-26

步骤 06 选择粘贴的文本框❶，在"绘图工具"选

项卡中单击"下移一层"下拉按钮❷，选择"置于底层"选项❸，将文本框置于底层，并将其移至合适位置，如图 9-27 所示。

图9-27

步骤 07 按照上述方法，完成其他文本的设计，最终效果如图 9-28 所示。

图9-28

9.3.2 图片元素的应用

在幻灯片中插入图片后，为了使图片看起来更加美观，可以对图片进行裁剪、调整大小、调整亮度/对比度、设置效果等。只需在"图片工具"选项卡中设置即可，如图9-29所示。

图9-29

 [实操9-4] 设计"垃圾分类"内容图片
[实例资源] \第9章\例9-4

设计图片时，如果需要删除图片的背景，只保留需要的图片区域，则可以按照以下方法操作。

步骤 01 打开"垃圾分类.dps"素材文件，在幻灯片中插入图片，然后选择图片，如图 9-30 所示。在"图片工具"选项卡中单击"抠除背景"下拉按钮，从列表中选择"智能抠除背景"选项，如图 9-31 所示。

图9-30

图9-31

步骤 02 打开"抠除背景"窗格，单击需要抠除的图片区域，然后根据实际情况在"当前点抠除程度"区域中拖动滑块，调整抠除程度，调整好后单击"完成抠图"按钮，如图 9-32 所示。

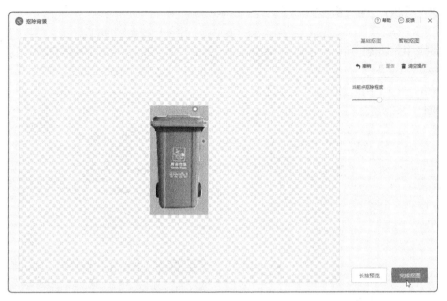

图9-32

步骤 03 完成上述操作后，即可将图片的背景删除，如图 9-33 所示。按照同样的方法，删除其他图片的背景，如图 9-34 所示。

图9-33

图9-34

应用秘技

在"抠除背景"窗格中单击"撤销"按钮，可以撤销上一步的操作；单击"重做"按钮，可以恢复上一步的操作；单击"清空操作"按钮，可以清除所有的操作。

9.3.3 形状元素的应用

在幻灯片中使用形状可以丰富页面内容。插入形状后，在"绘图工具"选项卡中可以编辑形状和设置形状的填充、轮廓、效果等，如图9-35所示。

图9-35

[实操9-5] 利用形状设计"垃圾分类"结尾标题
[实例资源] \第9章\例9-5

使用"合并形状"功能，可以拆分文字，制作出不一样的文字效果。下面介绍具体的操作方法。

步骤 01 打开"垃圾分类.dps"素材文件，在"插入"选项卡中单击"形状"下拉按钮，从列表中选择"矩形"选项，如图9-36所示。

图9-36

步骤 02 在文字合适位置绘制一个矩形，如图9-37所示。

图9-37

步骤 03 选择文字，然后选择矩形，如图9-38所示。在"绘图工具"选项卡中单击"合并形状"下拉

按钮，从列表中选择"拆分"选项，如图9-39所示。

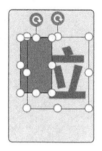 

图9-38　　图9-39

步骤 04 完成上述操作后，即可将文字拆分，如图9-40所示。然后删除不需要的偏旁，如图9-41所示。

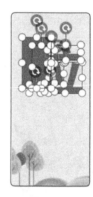 

图9-40　　图9-41

步骤 05 插入一张图片，将其放置到文字合适位置即可，如图9-42所示。

图9-42

新手提示
利用"合并形状"功能制作的文字已经转换为形状文字，用户无法更改其字体格式。

9.3.4 | 表格元素的应用

在幻灯片中同样可以插入表格，方法和在文档中插入类似。只需在"插入"选项卡中单击"表格"下拉按钮，在列表中根据需要选择插入表格的方式即可，如图9-43所示。

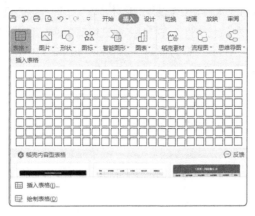

图9-43

插入表格后，在"表格工具"选项卡中可以对表格进行编辑，如插入行/列、合并单元格、拆分单元格、设置行高/列宽等，如图9-44所示。

图9-44

在"表格样式"选项卡中可以对表格进行美化，如图9-45所示。

图9-45

9.3.5 | 智能图形的应用

WPS演示提供了8种智能图形，包括列表、流程、循环、层次结构、关系、矩阵、棱锥图和图片等。用户可以在"选择智能图形"窗格中根据需要进行创建，如图9-46所示。

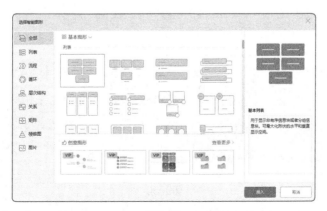

图9-46

[实操9-6] 创建"垃圾来源"流程图

[实例资源] \第9章\例9-6

用户可以使用流程图来直观地描述一个工作过程的具体步骤。下面介绍如何创建"垃圾来源"流程图。

步骤 01 打开"垃圾分类.dps"素材文件，在"插入"选项卡中单击"智能图形"下拉按钮❶，从列表中选择"智能图形"选项❷，如图9-47所示。在打开的"选择智能图形"窗格中，选择"流程"区域❶，并选择"重复蛇形流程"选项❷，单击"插入"按钮❸，如图9-44所示。

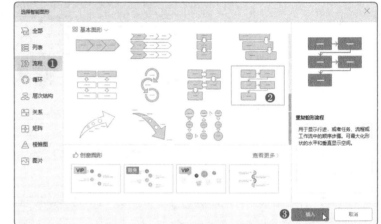

图9-47　　　　　　　　　　　　　　　　图9-48

步骤 02 完成上述操作后，即可在幻灯片中插入一个流程图，然后调整图形的大小，将其移至合适位置，如图9-49所示。

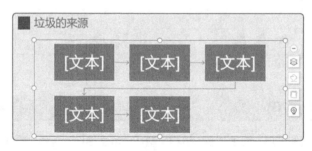

图9-49

步骤 03 选择形状，在"设计"选项卡中单击"添加项目"下拉按钮❶，从列表中选择"在后面添加项目"选项❷，即可在所选形状的后面添加一个项目，如图9-50所示。

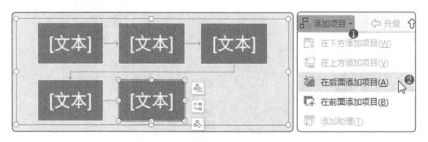

图9-50

步骤 04 将光标插入带有"文本"字样的形状中，输入相关文本内容，如图9-51所示。

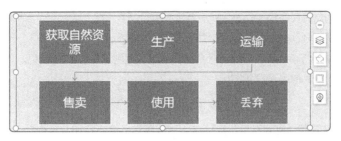

图9-51

步骤 05 选择图形，在"设计"选项卡中单击"更改颜色"下拉按钮，从列表中选择合适的颜色，即可更改图形的主题颜色，如图 9-52 所示。更改图形的主题颜色后的效果如图 9-53 所示。

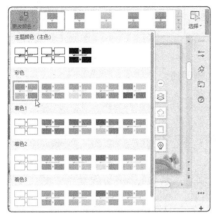

图9-52

图9-53

9.3.6 音频与视频元素的应用

在幻灯片中使用音频和视频可以起到烘托氛围的作用。在"插入"选项卡中可以插入"音频"和"视频"，如图9-54所示。

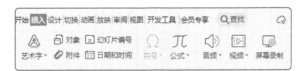

图9-54

1. 编辑音频

插入音频后，用户可以在"音频工具"选项卡中对其进行编辑，如裁剪音频、设置音频播放方式等，如图9-55所示。

图9-55

其中，音频播放方式有"自动""单击""当前页播放""跨幻灯片播放""循环播放，直到停止"和"放映时隐藏"等。

开始： 设置音频是自动播放还是单击播放。

当前页播放： 插入的音频只应用于当前的这一张幻灯片。

跨幻灯片播放： 设置音频从当前页幻灯片播放直至指定页码为止。

循环播放，直到停止： 音频会跨页播放，且会循环播放，直到幻灯片放映结束。

放映时隐藏： 播放幻灯片时隐藏音频图标。

2. 编辑视频

插入视频后，用户可以在"视频工具"选项卡中对视频进行编辑，如裁剪视频、设置视频播放方式等，如图9-56所示。

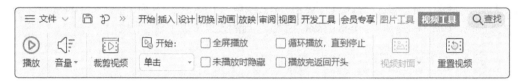

图9-56

全屏播放： 勾选该复选框，播放该视频时，会全屏播放视频内容。

未播放时隐藏： 勾选该复选框，未播放视频时，隐藏该视频。

9.4 设置母版与版式

对幻灯片的母版进行设计，可以快速统一幻灯片的风格，用户也可以在幻灯片母版视图中对其版式进行设置。下面进行详细介绍。

9.4.1 了解母版

当需要更改内置的版式时，可以在幻灯片母版视图中进行操作。在"视图"选项卡中单击"幻灯片母版"按钮，即可进入幻灯片母版视图，如图9-57所示。

在幻灯片母版视图中，第1张幻灯片称为母版式，其他幻灯片称为子版式。在母版式中进行的任何操作都会应用至子版式中，如图9-58所示。

图9-57

图9-58

相反，在子版式中进行的操作只会应用于当前版式，母版式和其他子版式都不会发生变化，如图9-59所示。

图9-59

设置母版后，关闭幻灯片母版视图，在"开始"选项卡的"版式"列表中可以调用更改后的版式，如图9-60所示。

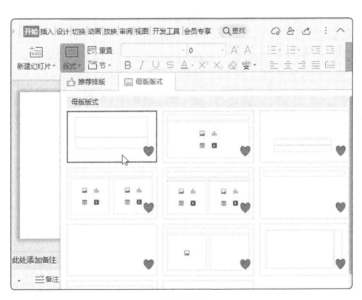

图9-60

新手提示

在幻灯片母版视图中添加的图片、图形和文本元素，在普通视图中是无法选中并编辑的。如果想对其进行修改，只有返回到幻灯片母版视图中修改。

9.4.2 设置幻灯片版式

幻灯片版式是指文字、图片、图表等元素在幻灯片上的布局方式。WPS演示内置了11种幻灯片版式，用户可以根据需要新建幻灯片版式或更改幻灯片版式。

1. 新建幻灯片版式

在"开始"选项卡的"新建幻灯片"列表中可以选择需要新建的幻灯片版式，如图9-61所示。

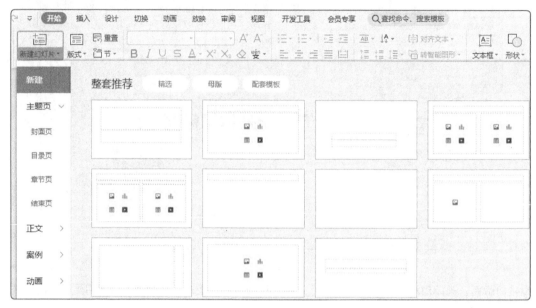

图9-61

2. 更改幻灯片版式

在"开始"选项卡中单击"版式"下拉按钮，可更改当前的幻灯片版式，如图9-62所示。

图9-62

应用秘技

通过"版式"命令应用版式是直接在所选幻灯片中更改其版式。

实战演练 制作"云南印象"演示文稿

下面通过制作"云南印象"演示文稿，来温习和巩固前面所学知识，具体操作步骤如下。

步骤 01 新建空白演示文稿，删除页面中的占位符。插入一张"墨迹"图片，将其移至页面上方，如图9-63所示。

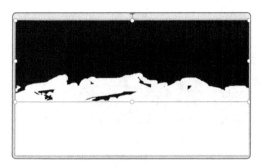

图9-63

步骤 02 选择图片，在"图片工具"选项卡中单击"抠除背景"下拉按钮❶，从列表中选择"设置透明色"选项❷，如图 9-64 所示。鼠标指针变为吸管形状，在"墨迹"图片上单击，即可将图片设置为透明色，如图 9-65 所示。

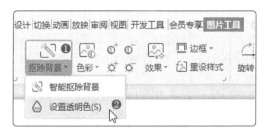

图9-64

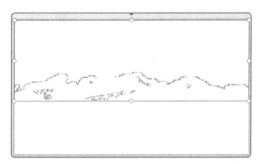

图9-65

步骤 03 选择图片，单击鼠标右键，从弹出的快捷菜单中选择"设置对象格式"命令❶，打开"对象属性"窗格，选择"填充与线条"区域❷，在"填充"区域中选中"图片或纹理填充"单选按钮❸，单击"图片填充"下拉按钮，选择"本地文件"选项❹，如图9-66所示。

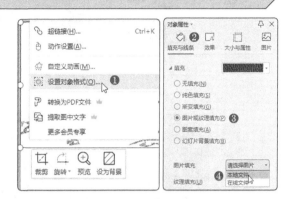

图9-66

步骤 04 打开"选择纹理"对话框，从中选择合适的图片，单击"打开"按钮，如图 9-67 所示，即可将所选图片填充到"墨迹"图片中，如图9-68所示。

图9-67

图9-68

步骤 05 在幻灯片中输入标题文本"云南印象"，然后插入一张图片，在图片上方输入"云南"，如图 9-69 所示。

步骤 06 绘制 4 个圆形，选择圆形，单击鼠标右键，从弹出的快捷菜单中选择"编辑文字"命令，在圆形中输入文本，如图 9-70 所示。

步骤 07 在圆形后面输入相关文本内容，完成封面页的制作，如图 9-71 所示。

图9-69

图9-70

图9-71

步骤 08　新建一张空白幻灯片，按照上述方法制作一张合成图片，如图 9-72 所示。

图9-72

步骤 09　输入"目录"标题，绘制圆角矩形，在矩形中输入序号，最后输入标题内容，完成目录页的制作，如图 9-73 所示。

步骤 10　按【Enter】键，新建第 3 张幻灯片，输

入标题内容，然后绘制 3 个矩形，选择 3 个矩形❶，单击鼠标右键，从弹出的快捷菜单中选择"组合"命令❷，将 3 个矩形组合在一起❸，如图 9-74 所示。

图9-73

步骤 11　选择组合后的图形，在"绘图工具"选项卡中单击"填充"下拉按钮❶，选择"图片或纹理"选项❷，并选择"本地图片"选项❸，打开"选择纹理"对话框，从中选择图片❹，单击"打开"按钮❺，如图 9-75 所示，即可将所选图片填充到图形中。

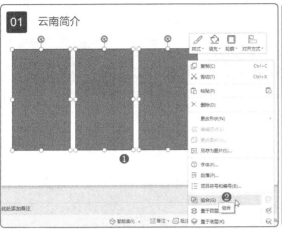
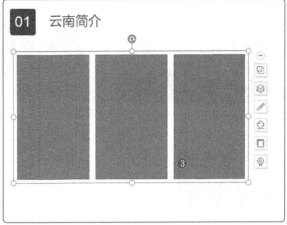

图9-74

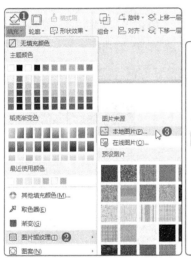

图9-75

步骤 12 将图形的"轮廓"设置为"无边框颜色",如图 9-76 所示。在页面右侧空白处输入相关文本内容,完成内容页的制作,如图 9-77 所示。

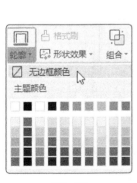

图9-76

图9-77

步骤 13 使用插入图片和文本框的方法制作第 4 张～第 7 张幻灯片,如图 9-78 所示。

图9-78

步骤 14 复制第 1 张幻灯片，更改填充图片，并删除多余内容。然后插入一张图片，绘制文本框，输入标题文本"谢谢观看"，如图 9-79 所示。

具"选项卡中单击"合并形状"下拉按钮，从列表中选择"相交"选项，如图 9-80 所示。

图9-79

步骤 15 选择图片，然后选择文本框，在"绘图工

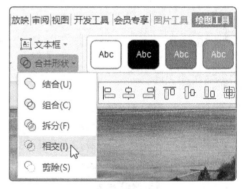

图9-80

步骤 16 调整标题的大小，将其移至合适位置，完成结尾页的制作，如图 9-81 所示。

图9-81

疑难解答

Q: 如何绘制正圆?

A: 在"插入"选项卡中单击"形状"下拉按钮,选择"椭圆"选项,如图9-82所示。按住【Shift】键不放,拖动鼠标即可绘制一个圆形,如图9-83所示。

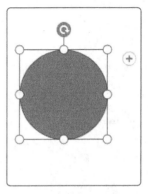

图9-82   图9-83

Q: 如何在表格中填充图片?

A: 选择表格,在"表格样式"选项卡中单击"填充"下拉按钮❶,从列表中选择"更多设置"选项❷。打开"对象属性"窗格,在"填充"区域中选中"图片或纹理填充"单选按钮❸,单击"图片填充"下拉按钮,选择"本地文件"选项❹,在打开的对话框中选择合适的图片❺,单击"打开"按钮❻,将图片填充到表格中,并将"放置方式"设置为"平铺"❼,如图9-84所示。

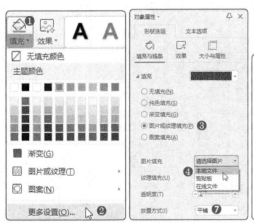

图9-84

第 10 章

动画效果应用

　　动画能够使静止的对象运动起来。为幻灯片中的对象添加动画效果，可以增加放映的趣味性，同时提升演示文稿的现场表现力。本章将对动画效果的设置、切换效果的设置、超链接的创建等进行详细介绍。

10.1 设置幻灯片动画

WPS演示内置了4种动画类型，包括进入、强调、退出、动作路径。下面进行详细介绍。

10.1.1 添加进入动画

所谓进入动画，是指可以让对象从幻灯片页面外以特有的方式进入幻灯片。进入动画分为基本型、细微型、温和型和华丽型。用户在"动画"列表中可以为对象添加进入动画，如图10-1所示。

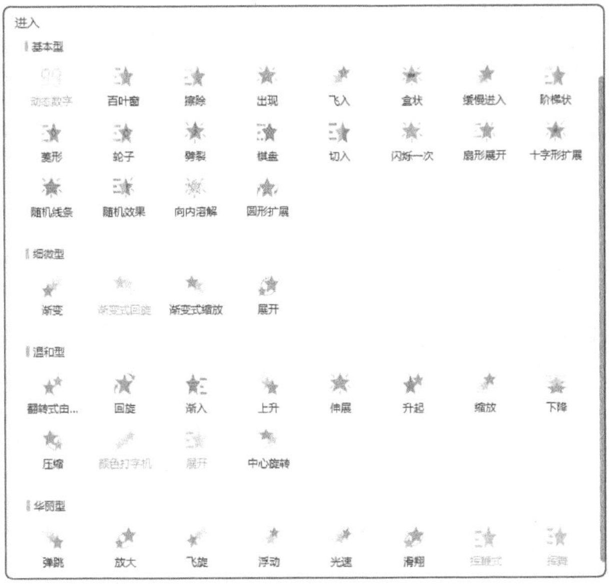

图10-1

 [实操10-1] 为"垃圾分类"封面添加进入动画
[实例资源] \第10章\例10-1

用户可以为封面页中的文本和图形添加"飞入"和"出现"进入动画。下面介绍具体的操作方法。

步骤 01 打开"垃圾分类.dps"素材文件,选择"垃"字所在文本框❶,在"动画"选项卡中单击"其他"下拉按钮❷,如图10-2所示。

图10-2

步骤 02 从展开的列表中选择"进入"区域下的"飞入"动画效果,如图10-3所示。

图10-3

步骤 03 在"动画"选项卡中单击"自定义动画"按钮❶，打开"自定义动画"窗格，将"开始"设置为"之前"❷，将"方向"设置为"自顶部"❸，将"速度"设置为"非常快"❹，如图 10-4 所示。

图10-4

步骤 04 选择"圾"字所在文本框，同样为其添加"飞入"动画效果，打开"自定义动画"窗格，将"开始"设置为"之后"❶，将"方向"设置为"自顶部"❷，将"速度"设置为"非常快"❸，如图 10-5 所示。按照同样的方法，为"分"和"类"所在文本框添加"飞入"动画效果。

图10-5

步骤 05 选择"白云"图形，为其添加"出现"动画效果，打开"自定义动画"窗格，在下方的列表框中选择"出现"动画选项，单击其右侧下拉按钮，从列表中选择"计时"选项，如图 10-6 所示。

图10-6

步骤 06 打开"出现"对话框，在"计时"选项卡中，将"开始"设置为"之后"❶，将"延迟"设置为"0.1"❷，单击"确定"按钮❸，如图 10-7 所示。

图10-7

步骤 07 按照上述方法，为其他 2 个"白云"图形添加"出现"动画效果，并将"延迟"分别设置为"0.3"和"0.4"。在"动画"选项卡中单击"预览效果"按钮，预览为"垃圾分类"封面添加的进入动画效果，如图 10-8 所示。

图10-8

10.1.2 | 添加强调动画

对于需要特别强调的对象可以对其应用强调动画。这类动画在放映过程中能够吸引观众的注意。在"动画"列表的"强调"区域下，可以为对象添加强调动画效果，如图10-9所示。

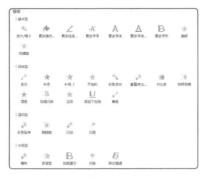

图10-9

[实操10-2] 为"垃圾分类"内容页添加强调动画
[实例资源] \第10章\例10-2

用户可以为内容页中的图片添加"忽明忽暗"强调动画。下面介绍具体的操作方法。

 打开"垃圾分类.dps"素材文件，选择左侧第1张图片，在"动画"选项卡中为其添加"忽明忽暗"强调动画效果❶，打开"自定义动画"窗格，将"开始"设置为"之后"❷，如图10-10所示。

图10-10

 按照上述方法，为其他2张图片添加

"忽明忽暗"强调动画，并设置"开始"方式，如图10-11所示。

图10-11

步骤 03 单击"预览效果"按钮，预览为"垃圾分类"内容页添加的强调动画效果，如图10-12所示。

图10-12

10.1.3 | 添加退出动画

退出动画与进入动画正好相反，它可展现对象从有到无、逐渐消失的运动过程。退出动画一般和进入动画组合使用。用户在"动画"列表的"退出"区域下，可以为对象添加退出动画效果，如图10-13所示。

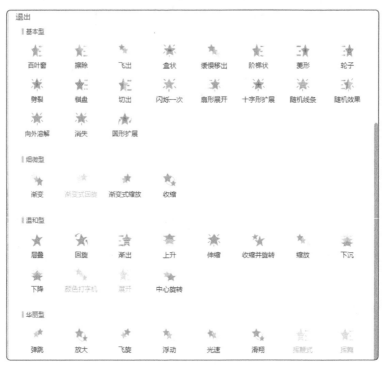

图10-13

在该列表中，退出动画与进入动画相对应。例如，"消失"对应"出现"，"切出"对应"切入"等。在添加退出动画时，先考虑进入效果，然后选择对应的退出效果。

10.1.4 | 制作动作路径动画

动作路径动画可以使对象按照设定好的路径运动。WPS演示内置了多种路径动画，用户可以在"动画"列表的"动作路径"区域下直接套用，或者绘制自定义路径，如图10-14所示。

图10-14

 [实操10-3] 为图片添加路径动画
[实例资源] \第10章\例10-3

用户可以为图片添加一条直线路径，使图片按照既定的路径移动。下面介绍具体的操作方法。

步骤 01 打开"垃圾分类.dps"素材文件，首先将图片移至幻灯片页面外，如图 10-15 所示。然后选择图片，在"动画"列表的"绘制自定义路径"区域下选择"直线"选项，拖动鼠标为图片绘制一条直线路径，如图 10-16 所示。

图10-17

图10-15

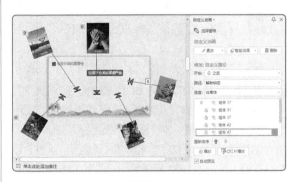

图10-18

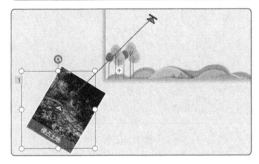

图10-16

步骤 02 打开"自定义动画"窗格，将"开始"设置为"之前"，将"速度"设置为"非常快"，如图 10-17 所示。

步骤 03 按照上述方法，为其他 4 张图片绘制直线路径，并设置"开始"方式均为"之后"，速度均为"非常快"，如图 10-18 所示。

步骤 04 单击"预览效果"按钮，预览设置的路径动画效果，如图 10-19 所示。

图10-19

新手提示

动作路径动画尽量选择简单的路径，如直线、曲线等。因为过于复杂的动作路径只会让人眼花缭乱，无法起到聚焦效果。

10.1.5 | 制作组合动画

组合动画，就是在已有动画的基础上再添加一组动画，即在一个对象上同时应用两组或两组以上的动画效果。用户在"自定义动画"窗格中，通过"添加效果"命令可以为对象添加多个动画效果，如图10-20所示。

图10-20

 [实操10-4] 为"垃圾分类"结尾页添加组合动画

[实例资源] \第10章\例10-4

微课视频

用户可以为结尾页中的文本添加"飞入""出现"和"忽明忽暗"组合动画。下面介绍具体的操作方法。

步骤 01 打开"垃圾分类.dps"素材文件，选择"垃圾分类"文本框，为其添加"飞入"动画效果。打开"自定义动画"窗格，将"开始"设置为"之前"❶，将"方向"设置为"自左侧"❷，将"速度"设置为"非常快"❸，如图 10-21 所示。

图10-21

步骤 02 选择"绿色环保"文本框，同样为其添加"飞入"动画效果。将"开始"设置为"之后"❶，将"方向"设置为"自右侧"❷，如图 10-22 所示。

步骤 03 选择"爱护环境 人人有责"组合图形，为其添加"出现"动画效果，并将"开始"设置为"之后"，如图 10-23 所示。

步骤 04 在"自定义动画"窗格中单击"添加效果"下拉按钮❶，从列表中选择"忽明忽暗"动画效果❷，如图 10-24 所示。

图10-22

图10-23

步骤 05 将"忽明忽暗"动画的"开始"方式设置为"之前",如图10-25所示。单击"预览效果"按钮,预览为"垃圾分类"结尾页添加的组合动画。

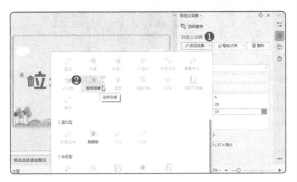

图10-24

图10-25

应用秘技

为对象添加动画效果后,系统会自动预览动画效果。如果用户想要取消自动预览,则可以在"自定义动画"窗格中取消勾选"自动预览"复选框。

10.2 设置幻灯片切换效果

为幻灯片设置切换效果可以使各幻灯片的播放更加自然。下面进行详细介绍。

10.2.1 页面切换效果的类型

WPS演示为用户提供了17种页面切换效果,包括平滑、淡出、切出、擦除、形状、溶解、新闻快报、轮辐、随机、百叶窗、梳理、抽出、分割、线条、棋盘、推出、插入等,如图10-26所示。

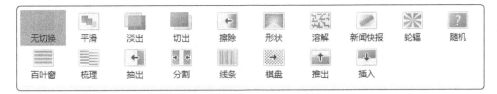

图10-26

其中,溶解和轮辐的切换效果如图10-27所示。

图10-27

百叶窗和棋盘的切换效果如图10-28所示。

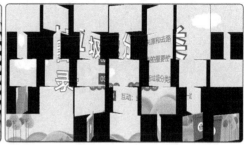

图10-28

10.2.2 设置页面切换效果

了解幻灯片页面的切换效果后，用户可以根据需要为幻灯片添加切换效果。只需在"切换"列表中选择一种切换效果即可。

[实操10-5] 为"垃圾分类"添加切换效果
[实例资源] \第10章\例10-5

如果用户想为幻灯片添加"分割"切换效果，则可以按照以下方法操作。

步骤 01 打开"垃圾分类.dps"素材文件，选择幻灯片，在"切换"选项卡中单击"其他"下拉按钮❶，从列表中选择"分割"选项❷，如图10-29所示。

图10-29

步骤 02 单击"效果选项"下拉按钮，从列表中选择"左右展开"选项，如图10-30所示。

图10-30

步骤 03 在"切换"选项卡中单击"应用到全部"按钮，将设置的切换效果应用至全部幻灯片上，如图10-31所示。

图10-31

10.2.3 设置切换效果的参数

为幻灯片添加切换效果后，用户可以在"切换"选项卡中设置切换效果的速度、声音、换片方式等。如图10-32所示。

图10-32

速度： 在"速度"数值框中单击向上或向下微调按钮，设置切换效果播放的速度，以秒为单位。

声音： 单击"声音"下拉按钮，从下拉列表中选择一种声音，在幻灯片切换的时候播放。

单击鼠标时换片： 勾选该复选框，在单击时放映下一张幻灯片。

自动换片： 勾选该复选框，可以设置让每一张幻灯片以特定秒数为间隔自动放映。

10.3 创建和编辑超链接

单击超链接可以快速跳转到指定幻灯片，或者访问网页和其他文件。下面进行详细介绍。

10.3.1 链接到指定幻灯片

通过"超链接"命令为某个对象添加超链接，在放映幻灯片时，可以快速链接到指定幻灯片，如图10-33所示。

图10-33

 [实操10-6] 为"目录"添加超链接
[实例资源] \第10章\例10-6

微课视频

用户可以为目录标题添加超链接，在放映幻灯片时，单击该目录标题，可以跳转到指定的幻灯片。下面介绍具体的操作方法。

步骤 01 打开"垃圾分类.dps"素材文件，选择目录标题，在"插入"选项卡中单击"超链接"下拉按钮，从列表中选择"本文档幻灯片页"选项，如图 10-34 所示。

图10-34

步骤 02 打开"插入超链接"对话框，在"请选择文档中的位置"列表框中选择"3.幻灯片3"，单击"确定"按钮，如图 10-35 所示。此时，所选标题文本颜色发生改变，并在下方添加了下划线。

步骤 03 按【F5】键放映幻灯片，单击添加了超链接的文本，即可跳转到第3张幻灯片，如图 10-36 所示。

步骤 04 按照上述方法，为其他目录标题添加超链接，如图 10-37 所示。

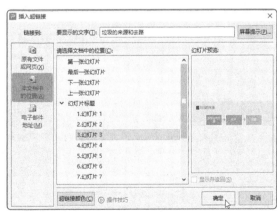

图10-35

图10-36   图10-37

应用秘技

如果用户想删除超链接，则选择添加超链接的对象，单击鼠标右键，从弹出的快捷菜单中选择"超链接"命令，在级联菜单中选择"取消超链接"命令即可，如图10-38所示。

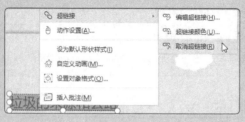

图10-38

10.3.2 链接到其他文件

不仅可以链接到指定幻灯片，还可以链接到其他文件，如文档、表格等。只需在"超链接"列表中选择"文件或网页"选项，在打开的"插入超链接"对话框中单击"浏览文件"按钮，如图10-39所示，打开"打开文件"对话框，从中选择需要的文件即可，如图10-40所示。

图10-39

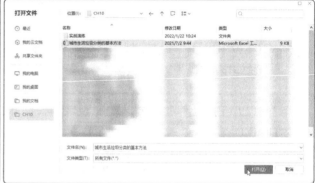

图10-40

应用秘技

当需要为超链接设置屏幕提示时，可以在"编辑超链接"对话框中单击"屏幕提示"按钮，如图10-41所示。在打开的"设置超链接屏幕提示"对话框中输入"单击链接到网页"即可，如图10-42所示。

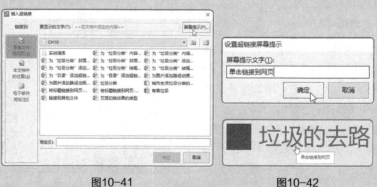

图10-41   图10-42

10.3.3 | 链接到网页

为了扩大信息范围，可以将对象链接到网页，在"插入超链接"对话框中设置即可。

[实操10-7] 将标题链接到网页
[实例资源] \第10章\例10-7

为了使读者了解更多关于"垃圾分类"的知识，可以将标题链接到相关网页。下面介绍具体的操作方法。

步骤 01 打开"垃圾分类.dps"素材文件，选择标题，打开"插入超链接"对话框，在"地址"文本框中输入网址，单击"确定"按钮，如图10-43所示。

图10-43

步骤 02 放映幻灯片时，单击设置了超链接的对象❶，即可链接到相关网页❷，如图10-44所示。

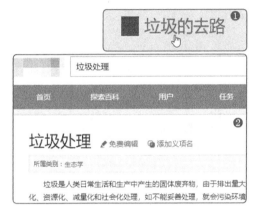

图10-44

实战演练 为"云南印象"演示文稿添加动画

下面通过为"云南印象"演示文稿添加动画，来温习和巩固前面所学知识，具体操作步骤如下。

步骤 01 打开"云南印象.dps"素材文件，选择封面页，然后选择"云南印象"标题文本框，在"动画"选项卡中为其添加"百叶窗"动画效果。打开"自定义动画"窗格，将"开始"设置为"之前"，将"方向"设置为"垂直"，将"速度"设置为"非常快"，如图10-45所示。

步骤 02 选择下方的"最"组合图形，为其添加"轮子"动画效果。将"开始"设置为"之后"，将"速度"设置为"非常快"，如图10-46所示。按照同样的方法，为其他3个图形添加"轮子"动画效果，如图10-47所示。

步骤 03 选择右侧的副标题文本框，为其添加"擦除"动画效果。将"开始"设置为"之后"，将"方向"设置为"自左侧"，如图10-48所示。

步骤 04 选择"云南"图形，为其添加"出现"动画效果，并将"开始"设置为"之后"，如图10-49所示。

图10-45

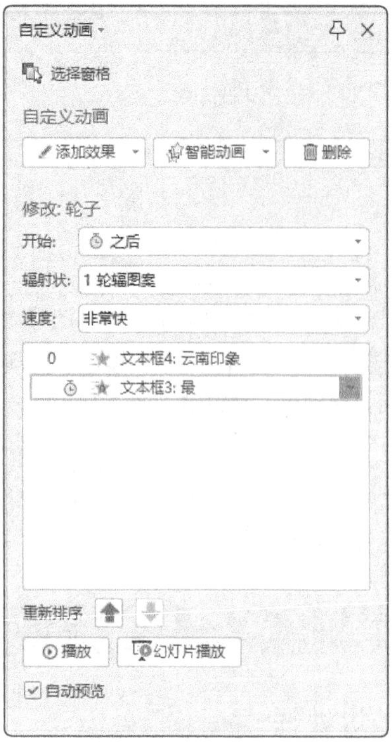

图10-46

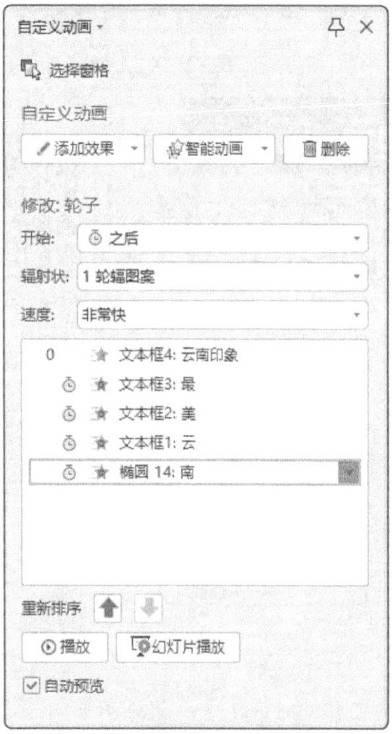

图10-48

图10-47

图10-49

步骤 05 在"自定义动画"窗格中单击"添加效果"下拉按钮，从列表中选择"忽明忽暗"动画效果。将该动画效果的"开始"设置为"之前"，如图 10-50 所示。

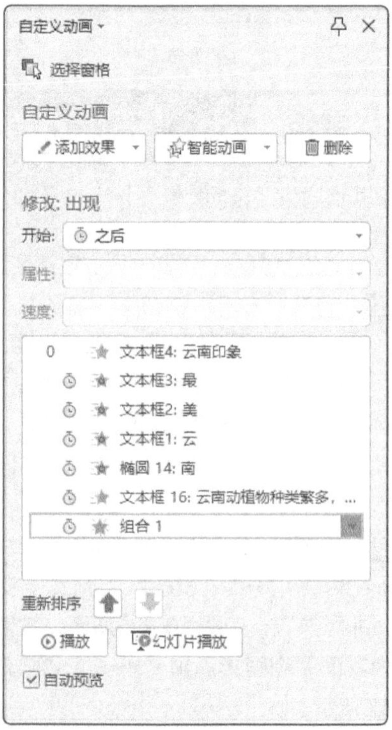

步骤 06 选择目录页，然后选择"目录"文本框，为其添加"切入"动画效果。将"开始"设置为"之前"，将"方向"设置为"自左侧"，如图 10-51 所示。

图10-50

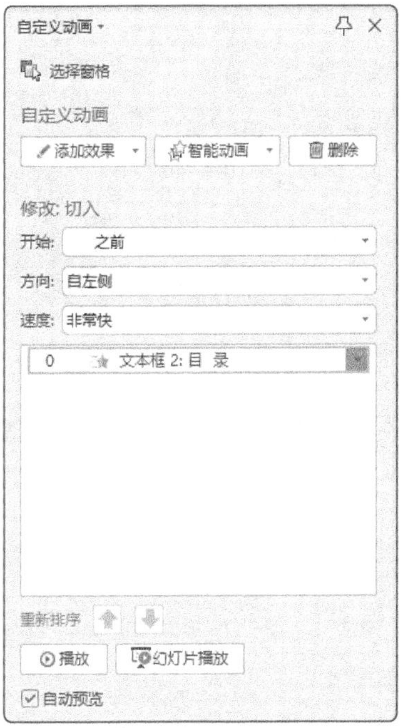

图10-52

图10-51

图10-53

步骤 07 选择图形，为其添加"擦除"动画效果，将"开始"设置为"之后"，将"方向"设置为"自左侧"，如图 10-52 所示。

步骤 08 选择"云南简介"文本框，为其添加"擦除"动画效果，并设置"开始""方向"和"速度"，如图 10-53 所示。按照同样的方法，为其他目录标题添加"擦除"动画效果。

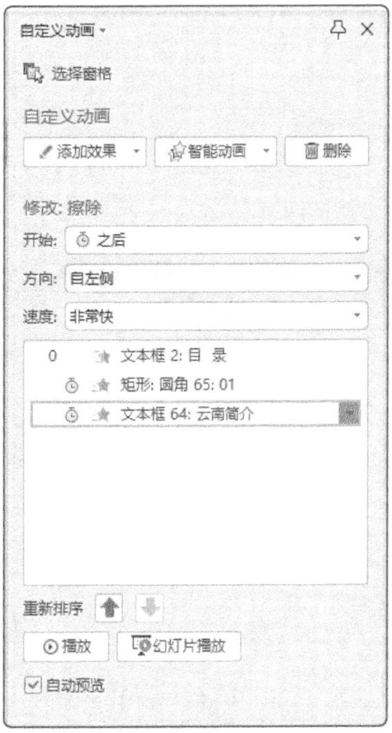

步骤 09 选择第 3 张内容页，然后选择图片，为其添加"跷跷板"动画效果。将"开始"设置为"之前"，如图 10-54 所示。

步骤 10 选择文本框，为其添加"彩色波纹"动画效果。将"开始"设置为"之后"，并选择合适的颜色，如图 10-55 所示。

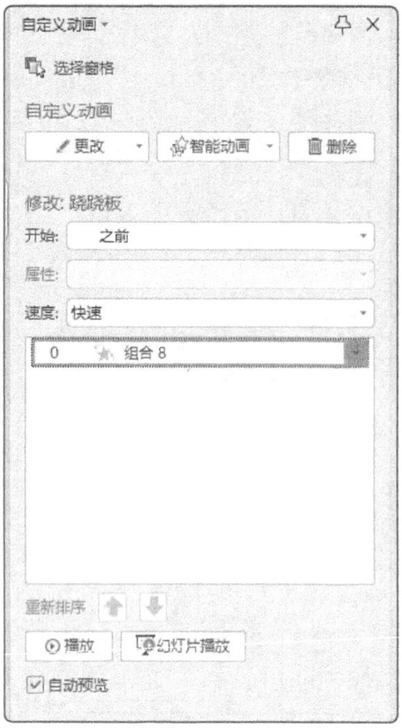

图10-54

图10-55

步骤 11 选择结尾页，然后选择图片，为其添加"棋盘"动画效果，如图 10-56 所示。

图10-56

步骤 12 在"自定义动画"窗格中，将"开始"设置为"之前"，将"方向"设置为"下"，如图 10-57 所示。至此，完成该演示文稿动画的添加，按【F5】键放映幻灯片，可查看所有动画效果。

图10-57

疑难解答

Q：如何更改动画播放顺序？

A：打开"自定义动画"窗格，选择动画选项❶，在下方单击向上的箭头❷，向上移动动画选项，单击向下的箭头❸，向下移动动画选项，如图10-58所示。或者选择动画选项后，按住鼠标左键不放，向上或向下拖动鼠标移动动画选项，如图10-59所示。

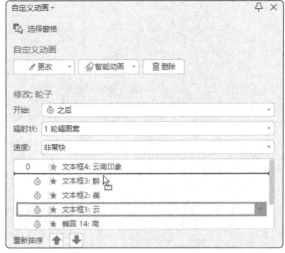

图10-58   图10-59

Q: 如何更改超链接颜色？

A: 选择添加了超链接的对象，单击鼠标右键，从弹出的快捷菜单中选择"超链接"命令，并选择"超链接颜色"命令，如图10-60所示。打开"超链接颜色"对话框，从中设置"超链接颜色"和"已访问超链接颜色"，单击"应用到当前"或"应用到全部"按钮即可，如图10-61所示。

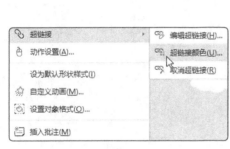

图10-60   图10-61

Q: 如何去除所有幻灯片的切换动画？

A: 选中任意一张幻灯片，在"切换"列表中选择"无切换"，然后单击"应用到全部"按钮即可。

第11章

放映与输出幻灯片

放映幻灯片看似很简单，其实也有很多技巧。用户需要根据不同场合来选择放映方式。此外，还可以将幻灯片输出为其他格式。本章将对幻灯片的放映与输出进行详细介绍。

11.1 放映幻灯片

按【F5】键，可以从头开始放映幻灯片；按【Shift+F5】组合键，可以从当前幻灯片开始放映。下面对幻灯片的放映进行详细介绍。

11.1.1 设置放映方式

用户可以对幻灯片的放映类型、放映选项、放映范围、换片方式等进行设置。只需要在"放映"选项卡中单击"放映设置"按钮，在打开的"设置放映方式"对话框中进行相关设置即可，如图11-1所示。

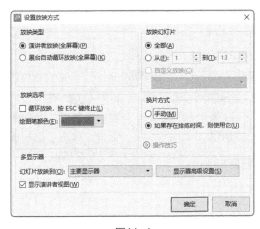

图11-1

1. 设置放映类型

在"放映类型"区域中有演讲者放映（全屏幕）和展台自动循环放映（全屏幕）2种放映类型。用户可以根据需要选择合适的放映类型。

演讲者放映（全屏幕）：以全屏幕方式放映演示文稿，演讲者可以完全控制演示文稿的放映。

展台自动循环放映（全屏幕）：在该模式下，不需要专人控制也能自动放映演示文稿。虽然不能单击手动切换幻灯片，但可以通过动作按钮、超链接进行切换。

2. 设置放映选项

在"放映选项"区域中勾选"循环放映，按ESC键终止"复选框，可以循环播放幻灯片，直到用户按【Esc】键退出放映模式。

单击"绘图笔颜色"下拉按钮，从展开的下拉列表中选择合适的颜色作为绘图笔颜色。

3. 设置放映范围

在"放映幻灯片"区域中选中"全部"单选按钮，可以将演示文稿内未隐藏的所有幻灯片放映出来。

选中"从……到……"单选按钮，并在右侧数值框中输入数字，可以放映用户定义范围内的幻灯片。

4. 设置换片方式

在"换片方式"区域中选中"手动"单选按钮，在放映过程中需要用户手动切换幻灯片；选中"如果存在排练时间，则使用它"单选按钮，可以按照排练时间自动播放幻灯片。

11.1.2 设置排练计时

为幻灯片设置排练计时，可以记录每张幻灯片使用的时间，然后系统将按照设置的时间自动放映幻灯片。

用户在"预演"工具栏中可以进行相关操作，如图11-2所示。其中，中间的时间代表当前幻灯片页面放映所需时间，右边的时间代表放映所有幻灯片累计所需时间。

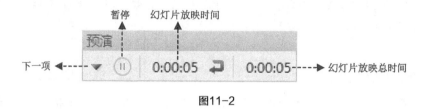

图11-2

 [实操11-1] 设置每张幻灯片的放映时间
[实例资源] \第11章\例11-1

用户可以使用"排练计时"功能为每张幻灯片设置放映时间。下面介绍具体的操作方法。

步骤 01 打开"垃圾分类 .dps"素材文件，在"放映"选项卡中单击"排练计时"下拉按钮，从列表中选择"排练全部"选项，如图11-3所示。

图11-3

步骤 02 幻灯片进入放映状态，在左上角显示"预演"工具栏，如图11-4所示。

图11-4

步骤 03 在"预演"工具栏中单击"下一项" ▼ 按钮，设置每张幻灯片的放映时间，设置好后会弹出一个对话框，单击"是"按钮，保留幻灯片排练时间，如图11-5所示。

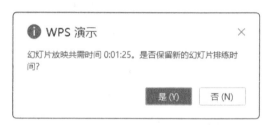

图11-5

步骤 04 此时，系统自动进入"幻灯片浏览"视图，在该视图中可以看到每张幻灯片放映所需的时间，如图11-6所示。

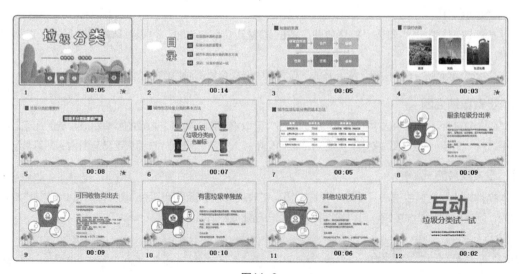

图11-6

11.1.3 | 自定义放映

当不需要将演示文稿中的全部幻灯片放映出来时，可以通过"自定义放映"命令设置放映指定幻灯片，如图11-7所示。

图11-7

[实操11-2] 放映第1、3、4、5张幻灯片

[实例资源] \第11章\例11-2

如果用户只需要将第1、3、4、5张幻灯片放映出来，则可以按照以下方法操作。

步骤 01 打开"垃圾分类.dps"素材文件，在"放映"选项卡中单击"自定义放映"按钮，打开"自定义放映"对话框，单击"新建"按钮，如图 11-8 所示。

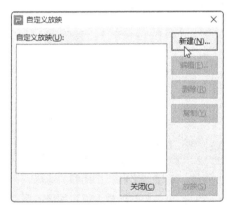

图11-8

步骤 02 打开"定义自定义放映"对话框，输入"幻灯片放映名称"❶，在"在演示文稿中的幻灯片"列表框中按住【Ctrl】键，选择幻灯片 1、幻灯片 3、幻灯片 4、幻灯片 5 ❷，单击"添加"按钮❸，将其添加到"在自定义放映中的幻灯片"列表框中❹，单击"确定"按钮，如图 11-9 所示。

步骤 03 返回"自定义放映"对话框，选择放映名称"垃圾分类"，单击"放映"按钮，即可放映第1、3、4、5张幻灯片，如图 11-10 所示。

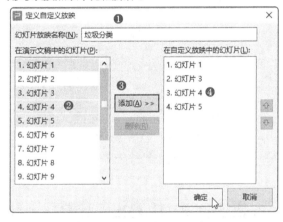

图11-9

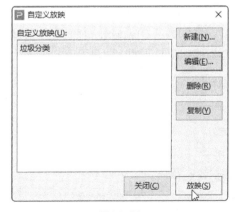

图11-10

应用秘技

当用户想要删除设置的自定义放映时，需要打开"自定义放映"对话框，在"自定义放映"列表框中选择幻灯片放映名称，然后单击"删除"按钮即可。

11.2 输出演示文稿

除了放映演示文稿外，用户还可以将演示文稿输出为图片、视频等格式。下面进行详细介绍。

11.2.1 将幻灯片输出成图片

当需要将幻灯片输出为图片格式时，可以单击"文件"按钮，选择"输出为图片"选项，如图11-11所示。打开"输出为图片"窗格，从中设置"输出方式"❶"水印设置"❷"输出页数"❸"输出格式"❹"输出品质"❺和"输出目录"❻等，单击"输出"按钮❼，开始输出，输出成功后会弹出一个对话框，单击"打开"❽或"打开文件夹"按钮，进行浏览即可，如图11-12所示。

图11-11   图11-12

11.2.2 将幻灯片输出成视频

将演示文稿输出为视频格式，可以方便用户在其他计算机上播放。单击"文件"按钮❶，选择"另存为"选项❷，并选择"输出为视频"选项❸，如图11-13所示。打开"另存文件"对话框，设置视频的保存位置，单击"保存"按钮，开始输出，视频输出完成后弹出一个对话框，单击"打开视频"或"打开所在文件夹"按钮，查看视频即可，如图11-14所示。

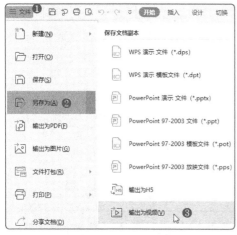

图11-13   图11-14

11.2.3 打包演示文稿

用户可以将演示文稿打包成文件夹或压缩文件。单击"文件"按钮，选择"文件打包"选项，并根据需要选择"将演示文档打包成文件夹"选项或"将演示文档打包成压缩文件"选项，如图11-15所示。在弹出的"演示文件打包"对话框中进行相关设置即可，如图11-16所示。

图11-15   图11-16

实战演练 放映并输出"云南印象"演示文稿

下面通过放映并输出"云南印象"演示文稿，来温习和巩固前面所学知识，具体操作步骤如下。

步骤 01 打开"云南印象.dps"素材文件，按【F5】键放映幻灯片，在幻灯片页面单击鼠标右键，从弹出的快捷菜单中选择"墨迹画笔"命令❶，并从其级联菜单中选择合适的画笔，这里选择"圆珠笔"❷，如图 11-17 所示。

图11-17

步骤 02 再次单击鼠标右键，从弹出的快捷菜单中选择"墨迹画笔"命令❶，并从其级联菜单中选择"墨迹颜色"命令❷，然后选择合适的画笔颜色❸，如图 11-18 所示。

图11-18

步骤 03 此时，鼠标指针变为笔样式，拖动鼠标在幻灯片中标记内容，如图 11-19 所示。

图11-19

步骤 04 放映结束后会弹出一个对话框，询问用户是否保留墨迹注释，单击"保留"按钮，保留墨迹注释，单击"放弃"按钮，则清除墨迹注释，如图11-20所示。

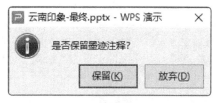

图11-20

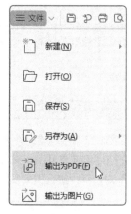

步骤 05 单击"文件"按钮，选择"输出为 PDF"选项，如图 11-21 所示。打开"输出为 PDF"对话框，从中设置输出范围❶、输出设置❷和保存目录❸，单击"开始输出"按钮❹，输出成功后，单击"打开文件"按钮❺，如图 11-22 所示。

图11-21

图11-22

步骤 06 完成上述操作后，即可查看将幻灯片输出为 PDF 的效果，如图 11-23 所示。

图11-23

步骤 07 单击"打印预览"按钮，进入"打印预览"界面，设置打印内容、份数、方式等选项后，单击"直接打印"按钮，将幻灯片打印出来，如图 11-24 所示。

图11-24

疑难解答

Q：如何隐藏幻灯片？

A：在预览窗格中选择需要隐藏的幻灯片，单击鼠标右键，从弹出的快捷菜单中选择"隐藏幻灯片"命令，如图11-25所示。此时，所选幻灯片左上角显示隐藏标记 ，如图11-26所示。放映幻灯片时，隐藏的幻灯片不会被放映出来。在"放映"选项卡中单击"隐藏幻灯片"按钮，即可显示被隐藏的幻灯片。

图11-25

图11-26

Q：如何删除排练计时？

A：打开"切换"选项卡，取消勾选"自动换片"复选框❶，然后单击"应用到全部"按钮❷即可，如图11-27所示。

图11-27

Q：如何在放映幻灯片时隐藏鼠标指针？

A：放映幻灯片时，在页面单击鼠标右键，在弹出的快捷菜单中选择"墨迹画笔"命令❶，并选择"箭头选项"命令❷，然后选择"永远隐藏"命令❸即可，如图11-28所示。

图11-28

第 12 章

使用 WPS Office 多样化功能

WPS Office 为用户提供了多种便捷的功能，如金山海报、阅读器、脑图、PDF 阅读器等。其中，金山海报可以用来设计手机宣传图、公众号封面等，脑图可以用来创建思维导图，PDF 阅读器可以查看和编辑 PDF 文件。本章将对这些功能进行详细介绍。

12.1 金山海报

金山海报是WPS Office中一款图片设计工具，其提供了丰富的素材资源，可以轻松完成一张精美图片的设计。下面进行详细介绍。

12.1.1 根据需要设计图片

使用金山海报可以设计名片、手机海报、邀请函等，在"新建"界面中选择"金山海报"工具，在打开的界面中可以下载各种类型的模板，如图12-1所示。

图12-1

如果用户想自己设计图片，则单击"新建空白画布"按钮，在弹出的"自定义尺寸"对话框中选择内置的尺寸，或者自定义画布尺寸，单击"开启设计"按钮，就可以新建一个空白画布，如图12-2所示。

图12-2

在画布的左侧包含图片、素材、文字、背景、工具等标签，如图12-3所示。向画布中添加不同标签中的元素，可以制作出想要的图片效果。

新手提示
用户只有登录账号后，才可以下载模板或新建空白画布。

图12-3

[实操12-1] 制作"传统节气"手机海报

[实例资源] \第12章\例12-1

用户可以自己设计一幅"大暑"传统节气手机海报。下面介绍具体的操作方法。

步骤 01 在"金山海报"选项卡中单击"新建空白画布"按钮,如图12-4所示。

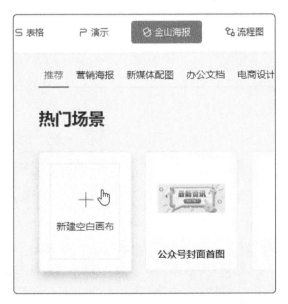

图12-4

步骤 02 打开"自定义尺寸"对话框,将画布尺寸设置为"640×1008",单击"开启设计"按钮,如图12-5所示。

图12-5

步骤 03 新建一个空白画布后,选择"上传"标签❶,单击"上传素材"下拉按钮,从列表中选择"上传素材"选项❷,如图12-6所示。

步骤 04 打开"打开文件"对话框,从中选择需要的图片,单击"打开"按钮,如图12-7所示。

图12-6

图12-7

步骤 05 完成上述操作后，即可上传图片。单击图片，将图片添加到空白画布中，如图 12-8 所示。

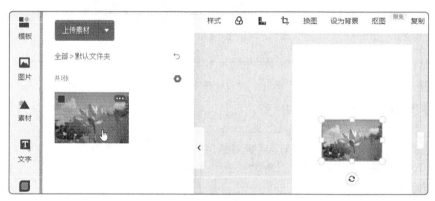

图12-8

步骤 06 调整图片的大小，直至填满整个画布，如图 12-9 所示。选择"素材"标签❶，并单击"形状"按钮❷，选择"正方形"形状❸，将其拖至画布中❹，如图 12-10 所示。

图12-9

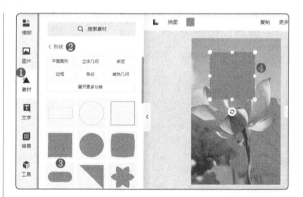

图12-10

步骤 07 在画布上方设置形状的填充颜色❶和透明度❷，然后调整形状的大小，将其移至合适位置，如图 12-11 所示。

步骤 08 选择"文字"标签❶，选择"点击添加标题文字"选项❷，如图 12-12 所示，在画布中添加一个文本框。

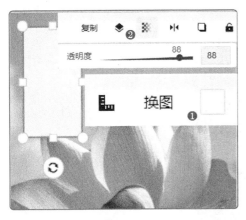

图12-11

图12-12

步骤 09 双击修改文本框中的文本，并在画布上方设置文本的颜色❶、字体❷、字号❸、方向❹，如图 12-13 所示。

图12-13

步骤 10 选择"素材"标签❶，在"搜索素材"文本框中输入"印章"❷，按【Enter】键，即可搜索

出相关素材，选择合适的"印章"❸，如图 12-14 所示。将其拖至画布中，调整大小，并移至合适位置。

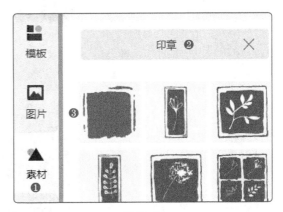

图12-14

步骤 11 在"文字"标签中选择"点击添加正文文字"选项，输入"传统"和"节气"文本，将其移至"印章"中，如图 12-15 所示。

图12-15

步骤 12 选择"点击添加副标题文字"选项，输入相关文本，并设置文本的颜色、字体、字号等，并将其移至合适位置，如图 12-16 所示。

图12-16

步骤 13 完成上述操作后，完成"传统节气"手机海报的制作，如图 12-17 所示。

图12-17

 应用秘技

如果用户想为画布设置背景，则选择"背景"标签，从中进行相关选择即可。

12.1.2 下载及保存图片

设计好图片后，用户可以将其下载到计算机或手机中。在窗口右上角单击"保存并下载"按钮，在弹出的面板中设置"文件类型"，单击"下载"按钮，如图12-18所示。打开"另存文件"对话框，设置保存位置和文件名后，单击"保存"按钮即可，如图12-19所示。

图12-18

图12-19

如果需要将图片下载到手机中，则单击"保存并下载"下拉按钮，选择"下载到手机"选项，如图12-20所示。然后进行相关操作即可。

图12-20

12.2 脑图设计

WPS Office自带了一款"脑图"工具，使用它，用户可以快速绘制所需的思维导图，下面进行详细介绍。

12.2.1 脑图的概念

脑图是一种将思维形象化的方法，其运用图文并重的技巧，把各级主题的关系用相互隶属与相关的层级图表现出来，把主题关键词与图像、颜色等建立记忆链接，如图12-21所示。

"脑图"可以直观地梳理复杂的工作，科学地整理知识点，帮助用户更好地处理和回顾工作。

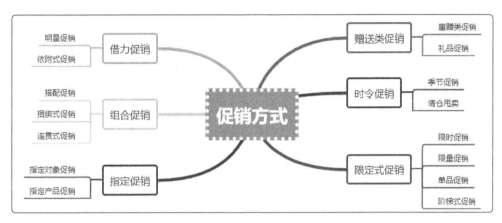

图12-21

12.2.2 绘制脑图

WPS Office内置了很多脑图模板，除了会员专享模板以外，用户还可以下载免费的模板，只需要在"新建"界面中选择"脑图"选项卡，在打开的界面中找到"免费专区"，然后下载需要的免费模板即可，如图12-22所示。

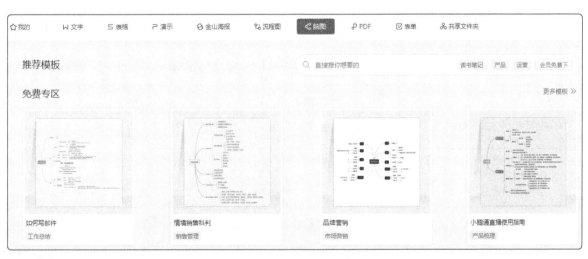

图12-22

此外，用户也可以从一张空白画布开始绘制一张脑图。在"脑图"选项卡中单击"新建空白图"按钮，如图12-23所示。随即新建一张脑图空白图，该图包含一个中心节点，如图12-24所示。

图12-23

图12-24

在"开始"选项卡中，用户可以设置"子主题""同级主题""父主题""概要""图片""水印""画布""风格""结构"等，如图12-25所示。

图12-25

在"样式"选项卡中，用户可以设置"节点样式""节点背景""连线颜色""连线宽度""边框宽度""边框颜色""边框类型"等，如图12-26所示。

图12-26

在"插入"选项卡中，用户可以插入"图片""标签""超链接""图标"等，如图12-27所示。

图12-27

在"导出"选项卡中，用户可以将脑图导出为"PNG图片""JPG图片""PDF"等，如图12-28所示。

图12-28

[实操12-2] 绘制"周工作安排"脑图
[实例资源] \第12章\例12-2

微课视频

使用"脑图"工具绘制"周工作安排"思维导图。下面介绍具体的操作方法。

步骤 01 在"脑图"选项卡中单击"新建空白图"按钮,新建一张空白图,在"开始"选项卡中单击"结构"下拉按钮,选择"左右分布"选项,如图 12-29 所示。

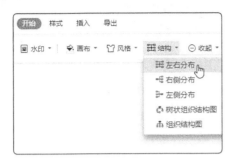

图12-29

步骤 02 单击"风格"下拉按钮❶,选择一种推荐风格❷,如图 12-30 所示。

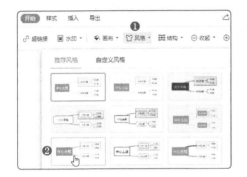

图12-30

步骤 03 单击"画布"下拉按钮,选择一种画布颜色,如图 12-31 所示。

图12-31

步骤 04 双击节点,节点中的文本内容将处于可编辑状态,输入新的文本内容"周工作安排",按【Enter】键确认,如图 12-32 所示。

图12-32

步骤 05 选择节点,在"插入"选项卡中单击"子主题"按钮❶,插入一个分支主题❷,如图 12-33所示。

图12-33

步骤 06 按照上述方法,插入多个"分支主题"节点,如图 12-34 所示。

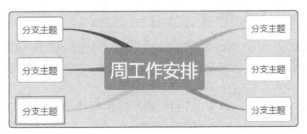

图12-34

步骤 07 选择"分支主题"❶，单击"子主题"按钮，插入一个"子主题"节点❷，如图 12-35 所示。

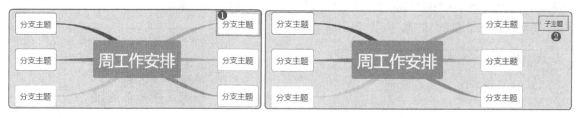

图12-35

步骤 08 单击"同级主题"按钮❶，再次插入一个"子主题"节点❷，按照同样的方法，完成多个"子主题"节点的添加，如图 12-36 所示。

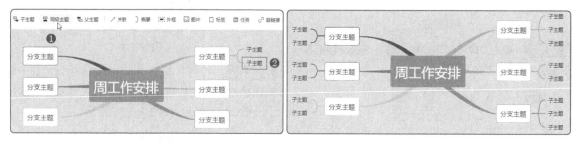

图12-36

步骤 09 在节点中输入相关内容即可，如图 12-37 所示。

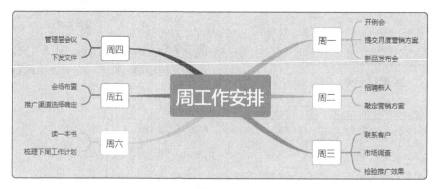

图12-37

12.3 PDF 阅读器

PDF文件是常用的电子文档格式，用户可以使用PDF阅读器打开PDF文件，进行查看或编辑。下面进行详细介绍。

12.3.1 认识 WPS PDF 阅读器

WPS PDF阅读器其实就是WPS Office软件自带的金山PDF阅读器。它是一款功能强大、操作简单的PDF阅读器。用户可以在PDF阅读器中体验沉浸式的阅读，还可以进行批注、格式转换、编辑文字、编辑图片等操作。

在"新建"界面中选择"PDF"选项卡，在打开的界面中可以新建PDF或打开PDF文件，如图12-38所示。

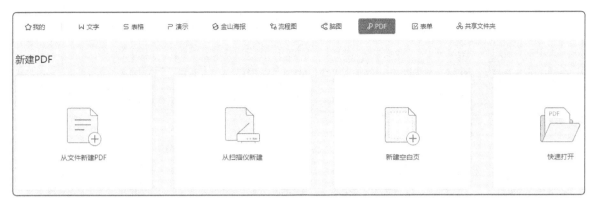

图12-38

12.3.2 使用 PDF 阅读器

　　用户使用PDF阅读器打开PDF文件后，在"开始"选项卡中可以对PDF文件进行播放、划词翻译、压缩、查找等，如图12-39所示。

图12-39

　　在"插入"选项卡中，可以插入文字、插入图片、设置页眉页脚、设置文档背景、批注文字、注解等，如图12-40所示。

图12-40

　　在"批注"选项卡中，可以对批注进行各种编辑操作，如图12-41所示。

图12-41

　　在"编辑"选项卡中，可以编辑文字、编辑图片、编辑页眉页脚等，如图12-42所示。

　　在"页面"选项卡中，可以提取页面、插入页面、替换页面、裁剪页面等，如图12-43所示。

　　在"转换"选项卡中，可以将PDF文件转换为Word、Excel、PPT等格式，如图12-44所示。

图12-42

图12-43

图12-44

实战演练 制作"缴费流程"流程图

下面通过制作"缴费流程"流程图来介绍"流程图"工具的使用方法，具体操作步骤如下。

微课视频

步骤 01 在"新建"界面中选择"流程图"选项卡，然后单击"新建空白图"按钮，如图12-45所示。

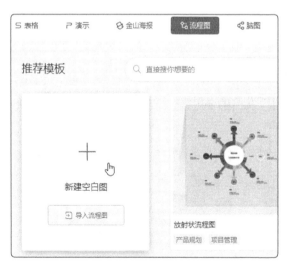

图12-45

步骤 02 新建一个空白流程图，在"Flowchart流程图"窗格中选择需要的图形❶，将其拖至画布中❷，如图12-46所示。

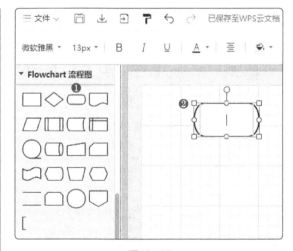

图12-46

步骤 03 在图形中输入文字，然后拖动鼠标在下方绘制一个箭头❶，绘制好后弹出一个面板，从中选择需要的图形，这里选择"流程"❷，如图12-47所示，即可在箭头下方插入一个"流程"图形❶，接着在图形中输入文字❷，如图12-48所示。

步骤 04 按照上述方法，完成流程图的基本绘制，如图12-49所示。

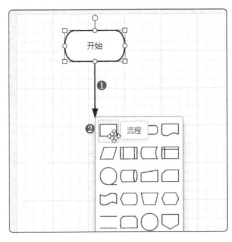

图12-47

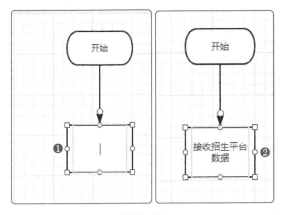

图12-48

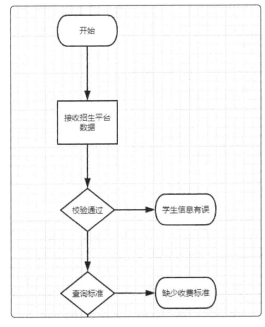

图12-49

步骤 05 在箭头上双击，添加一个文本编辑框，如图 12-50 所示。

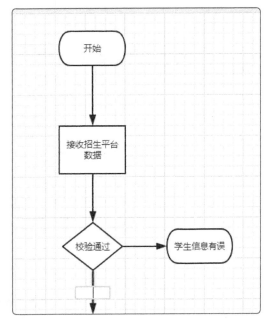

图12-50

步骤 06 在编辑框中输入文字，如图 12-51 所示。按照同样的方法，在其他箭头上输入文字，完成"缴费流程"流程图的绘制，如图 12-52 所示。

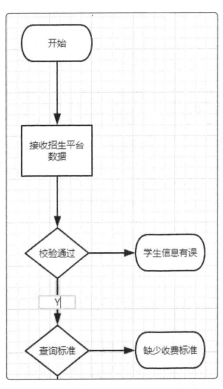

图12-51

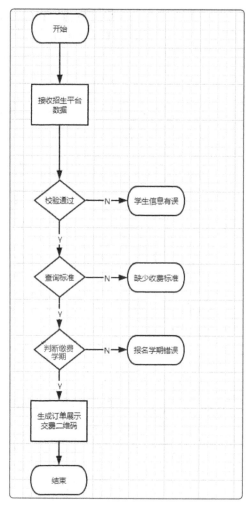

图12-52

疑难解答

Q：如何删除流程图中的图形？

A：选择图形，按【Delete】键，即可将所选图形删除。

Q：如何导出流程图？

A：在流程图界面中选择"导出"选项卡，在该选项卡中可以将流程图导出为PNG图片、JPG图片等，如图12-53所示。

图12-53

Q：如何更改节点背景颜色？

A：选择节点，在"样式"选项卡中单击"节点背景"下拉按钮，从列表中选择需要的颜色即可，如图12-54所示。

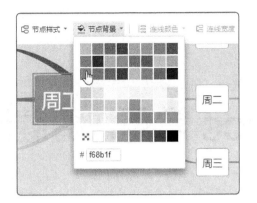

图12-54

Q：如何在节点中插入图标？

A：将光标插入节点中，在"插入"选项卡中单击"图标"下拉按钮，从列表中选择需要的图标即可，如图12-55所示。

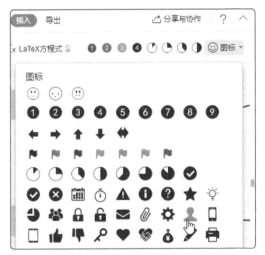

图12-55

附录

WPS Office 常用快捷键汇总

（1）WPS文字快捷键

附表1

快捷键	功能描述
Ctrl+A	全选
Ctrl+B	加粗字体
Ctrl+C	复制
Ctrl+D	打开"字体"对话框
Ctrl+E	居中
Ctrl+F	查找
Ctrl+G	定位
Ctrl+H	替换
Ctrl+I	文字倾斜或清除倾斜
Ctrl+L	左对齐
Ctrl+N	新建文档
Ctrl+O	打开文档
Ctrl+P	打印
Ctrl+S	保存
Ctrl+V	粘贴
Ctrl+X	剪切
Ctrl+Y	恢复
Ctrl+Z	撤销

（2）WPS表格快捷键

附表2

快捷键	功能描述
Ctrl+A	全选
Ctrl+C	复制
Ctrl+D	向下填充选中区域
Ctrl+F	查找
Ctrl+G	定位
Ctrl+H	替换

快捷键	功能描述
Ctrl+N	新建工作簿
Ctrl+O	打开工作簿
Ctrl+R	向右填充选中区域
Ctrl+S	保存工作簿
Ctrl+Y	重复上一步操作
Ctrl+V	粘贴
Ctrl+W	关闭工作簿
Ctrl+X	剪切
Ctrl+Z	撤销
Ctrl+1	打开"单元格格式"对话框
Alt+Enter	单元格内换行
Ctrl+Enter	输入同样的数据到多个单元格中
Ctrl+Home	移动到工作表的开头
Ctrl+Page Down	切换到活动工作表的下一个工作表
Ctrl+End	移动到工作表的最后一个单元格
Shift+F11	插入新工作表

（3）WPS演示快捷键

附表3

快捷键	功能描述
Ctrl+A	选择全部对象或幻灯片
Ctrl+B	应用（解除）文本加粗
Ctrl+C	复制幻灯片
Ctrl+F	查找
Ctrl+H	替换
Ctrl+I	为文字添加或清除倾斜
Ctrl+N	新建演示文稿
Ctrl+O	打开演示文稿
Ctrl+P	文件打印
Ctrl+S	保存演示文稿
Ctrl+U	添加或删除下划线
Ctrl+V	粘贴幻灯片
Ctrl+Delete	删除当前页
Ctrl+Enter	进入版式对象编辑状态/插入新页
Shift+F5	从当前页开始播放

续表

快捷键	功能描述
F5	演示播放（从第1页开始）
Page Down	跳到下一页
Page Up	跳到上一页
Home	跳到第一页
End	跳到最后一页
ESC	退出演示